W0269688

Freundlichst überreicht
vom
Verfasser

Beiträge zur Betriebskontrolle

in der

Seifen-, Fett- und Glyzerin-Industrie

von

Dr. Hermann Stadlinger

in Chemnitz

Handelschemiker und vereidigter Sachverständiger
des Königl. Land- und Amtsgerichtes zu Chemnitz.

1914/1915

Aus der analytisch-technischen Abteilung des öffentlichen
chemischen Laboratoriums
Dr. Huggenberg & Dr. Stadlinger, Chemnitz.

Sonderabdruck
aus der Zeitschrift „Der Seifenfabrikant"
:: Berlin 1914, Nummer 25 u. ff. ::
Springer-Verlag Berlin Heidelberg GmbH

ISBN 978-3-662-24481-4   ISBN 978-3-662-26625-0 (eBook)
DOI 10.1007/978-3-662-26625-0

Sonderabdruck aus „Der Seifenfabrikant“ 1914, Nr. 25 u. ff.

über die Notwendigkeit und den hohen Wert einer ständigen chemisch-analytischen Kontrolle der Rohmaterialien, Hilfsstoffe und fertigen Produkte dürfte wohl in Kreisen der Seifen-, Fett- und Glyzerinindustrie heute kein Zweifel mehr bestehen. Diese weise Einsicht ist teils das Ergebnis der wissenschaftlichen Führung der Praxis durch tüchtige Fachmänner von der Bedeutung eines Heller, Hefter, Ubbelohde, Goldschmidt und vieler anderer, teils ist sie der planmäßigen Mitarbeit wohl geleiteter Fachblätter und Fachschulen, nicht zuletzt aber den eigenen Erfahrungen unserer Industriellen zu danken! Wie bitter sich in dieser Hinsicht falsche Sparsamkeit rächen kann, weiß am besten der mit der Praxis in enger Fühlung stehende analytische Chemiker zu beurteilen: ist es doch eine nahezu alltägliche Erscheinung, daß dem Praktiker durch mangelhafte Zusammensetzung der Rohmaterialien schwere Betriebsschwierigkeiten oder minderwertige Fabrikate, ja sogar langwierige Zivilprozesse erwachsen — Mißhelligkeiten, die durch eine vorherige chemische Kontrolle des verarbeiteten Rohstoffes oder gelieferten Fabrikates leicht zu vermeiden gewesen wären!

Ausgehend von diesem Bedürfnisse nach chemischer Beratung, ist im Laufe der Jahre eine stattliche Zahl bewährter Speziallaboratorien für die Seifen-, Fett- und Glyzerin-Industrie entstanden, und gar manche wertvolle Erfahrung dürfte in den Archiven dieser Institute vergraben sein, die man selbst in den besten chemischen Zeitschriften vergeblich suchen würde.

1*

Mit Recht veröffentlichen unsere größeren technischen Versuchsanstalten, an ihrer Spitze das Königliche Materialprüfungsamt, seit Jahren ihre für die Wissenschaft und Praxis wertvollen Beobachtungen, denn hierdurch werden die Früchte ihrer Tätigkeit zum Gemeingut der an der Fortentwicklung unserer Industrie interessierten Kreise.

Auch das „Laboratorium des Verbandes der Seifenfabrikanten", das in zwei Jahren auf eine 30 jährige Verbindung mit meinem Institut zurückblicken kann, war durch seine ständige Fühlung mit der Seifen-, Fett- und Glyzerin-Industrie des In- und Auslandes in der angenehmen Lage, manche wertvolle Beobachtung sammeln zu können, die einer Veröffentlichung würdig erscheint.

Von diesem Gesichtspunkte aus habe ich bereits vor drei Jahren im „Seifenindustrie-Kalender" [1]) eine kleine Auslese bemerkenswerter Erfahrungen meiner analytisch-gutachtlichen Praxis niedergelegt und damit zu meiner Freude in industriellen Kreisen warme Zustimmung gefunden.

Inzwischen hat sich, dank der freundlichen Unterstützung durch die beteiligte Industrie, wieder reiches Beobachtungsmaterial angesammelt, so daß ich an eine Fortsetzung meiner vorerwähnten Veröffentlichung denken darf. Selbstverständlich kann es sich bei der Fülle des Stoffes auch hier wiederum nur um eine Auswahl handeln, zumal ja eine große Anzahl von Untersuchungsergebnissen im Interesse der Wahrung des Geschäftsgeheimnisses der Öffentlichkeit nicht preisgegeben werden darf.

Es ist mir zugleich eine angenehme Pflicht, meinen bewährten chemischen Mitarbeitern, den Herren Dr. W. Huggenberg, Dr. Hermsdorf, Uhlig, Stolze, Hofmann und Siebner, für ihre tatkräftige und gewissenhafte analytische Mitwirkung bei Vornahme dieser Untersuchungen zu danken!

*　　*　　*

Ich gedenke, in den nachfolgenden Zeilen schrittweise zu behandeln:

I. Öle und Fette, sowie die zugehörigen technischen Fettsäuren,

---

[1]) „Beiträge zur Betriebskontrolle in der Seifen- und Fettindustrie", Verlag von Eisenschmidt & Schulze, Leipzig 1911, S. 187 ff.

II. Alkalien,
III. Seifen und Waschpräparate,
IV. Sonstige verwandte Rohstoffe und Fabrikate.

*　　　*　　　*

I. Öle und Fette, sowie die zugehörigen technischen Fettsäuren.

Die Analyse technischer Öle und Fette stößt häufig auf Schwierigkeiten, sobald diesen Glyzeriden größere Mengen von freien Fettsäuren beigemengt sind, da die chemisch-physikalischen Konstanten des Neutralfettes bekanntlich oft grundverschieden von denjenigen der zugehörigen Fettsäuren sind. In solchen Fällen bleibt nichts anderes übrig, als auf direkte Prüfung der Gemische ganz zu verzichten und lieber die sachgemäß zu isolierenden Fettsäuren zu untersuchen. Es ist ohne weiteres verständlich, daß derartige Untersuchungen einen beträchtlichen Mehraufwand an Arbeit erfordern und durch eine einfache Betriebsanalyse gar nicht mehr zu erledigen sind. Ich habe wiederholt gefunden, daß aus den direkt ermittelten Konstanten stark saurer Öle und Fette, z. B.: Sulfuröl, Palmöl, Kokosöl und dergl., voreilige Schlußfolgerungen auf Verschnitt mit fremden Fetten gezogen worden sind, während die nachträgliche Spezialprüfung der zugehörigen Fettsäuren ein normales Ergebnis lieferte.

In den nachfolgenden Aufstellungen finden sich deshalb häufig Angaben über die chemisch-physikalische Beschaffenheit der zugehörigen Fettsäuren.

*　　　*　　　*

Leinöl: Die Zahl der untersuchten Muster war außerordentlich groß, namentlich in Zeiten hohen Preisstandes des Leinöles.

Bei normalen technischen Leinölen wurden folgende Schwankungen bezw. Mittelwerte beobachtet:

Säurezahl . . . . im Mittel 3,0 schwankend zwischen 1,2 bis 4,6. — 3 Proben zeigten die Werte 6,3, 8,4, 12,1 wovon die beiden letzten Werte schon zu hoch erscheinen

Verseifungszahl . . . . . meist zwischen 190 bis 193

Jodzahl . . . . 175 bis 200, je nach Herkunft d. Öles

Refraktion bei 25°C. im Butterrefraktometer	im Mittel 80,4°, schwankend von 78,8—82,2°
Dichte bei 15° C.	im Mittel 0,933, schwankend zwischen 0,9306—0,9330
Gehalt an Unverseifbarem	im Mittel 0,8 % schwankend von 0,56—1,34 %
Neutralisationszahl der Fettsäuren	198—199.
Refraktion der Fettsäuren bei 40° C. im Butterrefraktometer	56,7—57,9°.

Eine Reihe von Leinölen war wegen Anwesenheit fremder Öle zu beanstanden; andere Leinöle fielen durch ihre abnormen chemisch-physikalischen Konstanten auf. So möge folgende, für eine holländische Firma untersuchte Probe erwähnt werden:

Säurezahl	3,0
Verseifungszahl	191,2
Jodzahl	167,2
Dichte bei 15° C.	0,931
Refraktion bei 25° C.	80,0°.

Hier fällt der niedrige Jodzahlwert auf. Alle übrigen Konstanten sind normal. Da u. a. nordamerikanische Leinöle mit Jodzahlen von 160 aufwärts beobachtet worden sind, ist die Beurteilung solcher Öle nicht immer leicht und bis zu einem gewissen Grade von der geographischen Herkunft der Öle abhängig. Daß die American Society for Testing Materials [1]) nur solche rohe Leinöle als rein betrachtet, die mindestens eine Jodzahl von 178 (nach Hanus) zeigen, sei nebenbei erwähnt.

Eine andere Leinölprobe, in der niederrheinischen Gegend gepreßt, zeigte die Konstanten:

Säurezahl	6,3
Verseifungszahl	189,6
Jodzahl	171,5
Refraktion bei 25° C.	80,0°
Dichte bei 15° C.	0,9312.

Dieses Öl zeigte abnormes Verhalten in der Seifenfabrikation.

---

[1]) Siehe „Seifenfabrikant" S. 508, 1910.

Leider stand auch hier keine Herkunftsbezeichnung für die Beurteilung zur Verfügung, so daß aus der niedrigen Jodzahl allein nicht ohne weiteres auf eine Fälschung geschlossen werden konnte.

Erwähnung verdienen weiter zwei unter dem Namen „garant. rein, aus b a l t i s c h e r Saat geschlagen" verkaufte Leinöle.

Die Untersuchung dieser Proben ergab folgendes:

	I.	II.
Säurezahl	4,3	2,4
Verseifungszahl	190,6	191,3
Jodzahl	165,5	177,9
Refraktion bei 25 ° C. . .	79,5 °	82,7 °
Dichte bei 15 ° C. . . .	0,9313	0,9349
Unverseifbares	0,70 %	0,50 %.

Beide Öle sollten zur Firnisbereitung dienen. Trockenversuche lieferten selbst nach 4 tägigem Stehenlassen der dünnen Leinölschicht keine Eintrocknung; statt Gewichtszunahme war sogar geringe Gewichtsabnahme zu beobachten.

Die niedrige Jodzahl fiel besonders deshalb auf, weil baltische Leinöle gerade durch ihre hohen Jodzahlen, von 181 aufwärts bis 204, ausgezeichnet sind.

Der von mancher Seite verworfene T r o c k e n v e r s u c h bietet nach meinen Erfahrungen immer noch ein gutes Kriterium bei Bewertung der zum Zwecke der Firnisbereitung dienenden Leinöle. So ergab ein auch sonst normales Leinöl mit den Konstanten

Säurezahl	1,1
Jodzahl	184,5
Verseifungszahl	191,8
Dichte bei 15 ° C.	0,9344
Refraktion bei 25 ° C.	83,5 °

beim Trockenversuch in Zimmerwärme folgende Zahlenverhältnisse:

nach 8 Stunden . . .	noch keine Gewichtszunahme	
nach 26 Stunden . . .	Zunahme 1,35 %	
nach 50 Stunden . . .	-	8,11 -
nach 72 Stunden . . .	-	13,97 - , zugleich fast

völlige Trocknung der dünnen Leinölschicht.

Auftraggeber war die gleiche Firma, die die vorerwähnten beiden baltischen Öle eingesandt hatte.

Von Interesse dürfte die Verfälschung eines Leinöles mit rund 40 % Rüböl sein.

Das eingesandte Muster zeigte die Werte:

Spezifisches Gewicht bei 15° C. 0,9266
Refraktion bei 25° C. . . . . 75,6°
Säurezahl 5,8
Verseifungszahl 183,9
Jodzahl der wasserunlöslichen Fettsäuren 147,0
Neutralisationszahl der - - 192,1
Refraktion der - - 53,5°
Erstarrungspunkt der - - 12° C.

Die Analysenübersicht läßt ohne weiteres erkennen, daß die Werte: Dichte, Refraktion, Jodzahl, Fettsäure-Neutralisationszahl und Erstarrungspunkt viel zu niedrig sind.

Ein Leinsamenmehl wurde auf absoluten Ölgehalt und dessen Lichtbrechung untersucht. Es wurden gefunden:

7,25 % Öl
85° Refraktion des Öles bei 40° C.

Wiederholt kamen die bekannten grünlich-gelben, gallertigen Absätze, wie sie bei manchen Leinölen zuweilen auftreten, zur Untersuchung. Ein solcher Absatz erwies sich als nur teilweise petrolätherlöslich und enthielt ziemlich viel Kalk und Phosphorsäure. U. a. waren darin festzustellen:

Mineralstoffe (Asche) . . . . 0,832 %
Phosphorsäure P_2O_5 . . . . 0,448 %

Der Phosphorsäuregehalt dieser Aschen ist somit ganz beträchtlich.

Technische Leinölfettsäuren wurden mehrfach untersucht. 2 Proben erreichten nicht vollständig den garantierten Spaltungsgrad von 90 %. — Ein anderes Muster enthielt 3,89 % Unverseifbares. — Die Verseifungszahl von reinen Leinölfettsäuren stieg zuweilen bis 202, die Jodzahl lag um 181. —

Der nahen Verwandtschaft halber dürfte hier gleichzeitig auch der Leinölfirnisse zu gedenken sein. Solche kamen in reicher Zahl zur Untersuchung. Meist handelte es sich um sogenannte Kaltware, die unter Verwendung von 1 bis 3 % organischer Sikkativsalze, z. B. harzsaurem Mangan, bei 120 bis 150° durch Einblasen von Luft hergestellt worden war. Es kann daher in solchen Firnissen weder ein angemessener Aschegehalt, noch Harzgehalt auffallen. Daneben kamen auch mehrfach gekochte Firnisse zur Prüfung.

In allen Proben wurde gleichzeitig der Trocknungsgrad in dünner Schicht geprüft (1 Tropfen Firnis auf 5×10 cm Fläche verteilt; nach 24 Stunden soll der Firnis völlig trocknen).

Schon auf diesem Wege ließen sich mancherlei wertvolle Rückschlüsse für die Beurteilung gewinnen.

Von Interesse sind 2 „Glättefirnisse" folgender Zusammensetzung:

	„Kaufmuster"	„Lieferung"
Säurezahl	7,6	10,5
Verseifungszahl	145,5	132,4
Refraktion bei 25° C.	98,8°	ca. 102°
Kohlenwasserstoffe (Unverseifbares) . . .	23,5 %	29,7 %
Trockenversuch:		
nach 15 Stunden: Zunahme . . .	9,8 -	8,2 -
9 Stunden später: Abnahme . . .	0,7 -	0,8 -
weitere 30 Stunden später: Abnahme	1,8 -	1,9 -

Daß Firnisse mit 23 bis 30 % Unverseifbarem nicht mehr den Namen eines „Glättefirnisses" verdienen, bedarf keiner weiteren Begründung. Die Lieferung war übrigens noch schlechter, wie die Kaufsbemusterung (höherer Säuregrad und Gehalt an Unverseifbarem). —

Ein sogenanntes „Firnisöl" enthielt keine Spur verseifbarer Stoffe und war lediglich Mineralöl. —

Beanstandet wurde ein schlecht trocknender Leinölfirnis, dessen Neutralisationszahl seiner Fettsäuren den niedrigen Wert 179,4 zeigte. Die übrigen Konstanten dieser Probe waren:

Mineralstoffe	0,37 %
Refraktion der Fettsäuren bei 40 ° C. .	65,7 °
Jodzahl der Fettsäuren	183,7
Prüfung auf Harzsäure	positiv.

Bei „Gar. reinen Leinölfirnissen" wurden folgende Beobachtungen gemacht:

Säurezahl	im Mittel 8, meist unter 7
Verseifungszahl . .	um 188—193
Refraktion bei 25° C.	durch Harz - Sikkativzusatz meist erhöht
direkt	80° bis 88°

Asche . . . .   um 0,3—0,4 % (bei Zusatz v. Siff.-Salzen)
Neutralisationszahl
  der Fettsäuren . .   198—202, einige Proben bis 187 herab.
Jodzahl d. Fettsäuren   165,0—185,3
Refraktion der Fett-   von 60,4° an aufwärts, je nach Harzgehalt.
  säuren bei 40° C.   Höchster Wert: 68,7° (beanstandet).
Trockenversuch bei
  Zimmertemperatur   nach   4 Std. Zunahme von 7—12 %
                       =   6 =   =   = 8—12 =
                       =   8—10 =   =   = 13—14 =
                       =   23 =   =   = 15,4—17,8 %

Als höchster Gewichtszuwachs durch Sauerstoffaufnahme war bei einem Firnisse der Wert 17,8 % zu verzeichnen. Diese Probe hatte übrigens die abnorme niedrige Fettsäurenneutralisationszahl 179. —

Bei einigen Leinölfirnissen wurden neben Aschebestimmungen gleichzeitig quantitative Ermittelungen über den Gehalt an Harzsäuren angestellt.

Es ergaben sich folgende Zahlen:

	I.	II.	III.
Refraktion direkt bei 25° C.	86,8°	91,3°	87,1°
Harzsäuren	6,00 %	10,38 %	6,05 %
Mineralstoffe	?	0,68 =	0,68 =

Im Muster II. fällt der hohe Harzgehalt auf.

M o h n ö l : Eigentliche Verfälschungen wurden nicht beobachtet. Die meisten Untersuchungen bezogen sich auf Speisemohnöle.

Ein geringer Sesamölgehalt war mehrfach nachzuweisen. Zweifellos waren diese Öle in Pressen verarbeitet worden, die vorher der Gewinnung von Sesamöl gedient hatten und ungenügend gereinigt waren.

Die Mittelzahlen der untersuchten Speise-Mohnöle waren:

Säurezahl . . . .   etwa 2,9 (1 Probe 6,5)
Verseifungszahl . . . .   meist um 191—192 (1 Probe 195,5)
Jodzahl . . . .   um 133
Refraktion bei 25° C. in
  Butterrefraktometer . .   71,2—72,8°
Dichte bei 15° C. . . .   um 0,926.

Ein in Verseifungszahl und Refraktion normales Mohnöl zeigte bei stark positiver Baudouinscher Probe die auffallend niedrige Jodzahl 129,5. Der mir aus der Literatur bekannt gewordene niedrigste Jodzahlwert liegt bei 132,6; es ist daher gut möglich, daß eine übermäßige Sesamölbeimengung vorlag. Als normales Mohnöl war die eingesandte Probe jedenfalls nicht zu bezeichnen.

Sonnenblumenöl: Beobachtet wurden folgende Werte:

Säurezahl	4,8
Verseifungszahl	190,4
Dichte bei 15° C.	0,9239
Refraktion bei 25° C.	72,1°
Unverseifbares	0,64%

Diese Zahlen decken sich mit den Literaturangaben.

Sojabohnenöl: Dieses Öl wurde mehrfach untersucht. Eine Probe war hochgradig mit Schmutz und Unverseifbarem verunreinigt. Die quantitative Prüfung ergab u. a. 19,5 Kohlenwasserstoffe und 0,32% Mineralstoffe. Eine andere Probe enthielt 4,2% Wasser.

An reinen technischen Sojabohnenölen ließen sich u. a. folgende mittlere Zahlenwerte feststellen:

Säurezahl	schwankend v. 2,4 bis 9,4
Verseifungszahl	190 bis 193,4
Refraktion bei 25° C. . .	um 73°.

Lebhaften Meinungsaustausch zwischen den Parteien führte ein Sojabohnenöl nachstehender Zusammensetzung herbei:

Säurezahl	2,9
Verseifungszahl	192,4
Jodzahl	142,3
Dichte bei 15° C.	0,9278
Refraktion bei 25° C.	74,4°
Hexabromide[1])	2,14%
Jodzahl der Fettsäuren	144,4
Erstarrungspunkt der Fettsäuren .	18,5°
Schmelzpunkt der Fettsäuren . .	etwa 24°, ungleichmäßig.

---

[1]) Nach Methode Hehner & Mitchel bestimmt.

Der Streit drehte sich im wesentlichen darum, ob dieses Öl mit Leinöl verschnitten war oder nicht.

Das in meinem Institut gewonnene Analysenbild läßt ohne weiteres gewisse Abweichungen von den Normalwerten der Sojabohnenöle erkennen. Insbesondere fällt die Höhe der Jodzahl und Refraktion auf. Die in der Fachliteratur niedergelegten Jodzahlen normaler Sojabohnenöle liegen um 130 bis 135. In einer Mitteilung vom Jahre 1910 (Seifensiederzeitung 1910, Seite 1422) weist indessen Lewkowitsch darauf hin, daß die Jodzahl der Bohnenöle zwischen 137 und 142 schwanken können, mithin eine Korrektur der bezüglichen Zahlenwerte in den Lehrbüchern notwendig wäre.

Demnach konnte die Höhe der Jodzahl (und entsprechend mit dieser der Anstieg der Refraktion) als Beweis für die Anwesenheit von Leinöl nicht angesprochen werden.

Auch die Hexabromidausbeute von 2,14%, nach Hehner & Mitchel gewonnen, rechtfertigte diesen Rückschluß nicht ohne weiteres, da bei Anwesenheit irgendwie erheblicher Leinölmengen eine bedeutend höhere Ausbeute an Hexabromiden zu erwarten gewesen wäre. (Die ältere Literatur gibt die Hexabromidausbeute des Leinöles mit etwa 23% an. Eibner und Muggenthaler (Farbenzeitung 1912, 18) fanden für Leinöle rund 50 bis 59% Hexabromide — nach ihrer Vorschrift gewonnen — für Sojabohnenöl 7,2% Hexabromide).

Bezüglich des Erstarrungspunktes der Fettsäuren finden wir bei Leinöl und Sojabohnenöl folgende weit auseinandergehende Literaturangaben:

	Sojabohnenöl-Fettsäure	Leinöl-Fettsäure
Oettinger und Buchka	22	.
Morawski und Stengel	25	.
De Negri und Fabris	23—25	16—17
Shukoff	24,1	.
Korentschewski und Zimmermann	16—17	.
Warpmann	13—17,5	.
Hübl und Thörner	?	13—13,5
Allen	?	17,5

Der für das strittige Öl festgestellte Erstarrungspunkt seiner Fettsäure von 18,5° lag somit innerhalb der Normalwertgrenze.

Auch der gefundene Fettsäure-Schmelzpunkt von rund 24° war nach meinem Dafürhalten noch kein ausreichender Beweis für die Anwesenheit von Leinöl.

Die Angaben der Literatur schwanken z. T. innerhalb weiter Grenzen. Wir finden folgende Schmelzpunkte der Fettsäuren:

<pre>
Sojabohnenölfettsäure   . . . . . 26 bis 29
Leinölfettsäure . . . . 13 „ 21
</pre>

Der für das strittige Öl gefundene Schmelzpunkt von 24° konnte somit noch nicht als eindeutiges Beweismittel für eine stattgehabte Leinölverfälschung herangezogen werden.

Weitere Erhebungen hatten schließlich doch noch das Resultat ergeben, daß in dem strittigen Öle ein Verschnitt mit Leinöl vorlag.

Angesichts der weiten Schwankungen, die die Fachliteratur in den chemisch-physikalischen Konstanten für reines Leinöl und Sojabohnenöl wiedergibt, erscheint es notwendig, noch umfangreichere Beobachtungen über die Zusammensetzung genannter Öle, je nach ihrer geographischen Herkunft, anzustellen. Unsere Fachliteratur kann in dieser Hinsicht gar nicht reich genug bestellt sein, denn für den Analytiker und Gutachter ist es eine höchst undankbare Aufgabe, in zweifelhaften Fällen abnorme Zahlenwerte dahin zu beurteilen, ob sie durch Fälschung des reinen Öles mit fremden Ölen oder durch natürliche Einflüsse der Bodenbeschaffenheit auf die ölhaltige Pflanze hervorgerufen worden sind. —

Sojabohnenölfettsäure wurde wiederholt auf Gehalt an Kohlenwasserstoffen (Unverseifbarem) untersucht. Die gefundenen Zahlen schwankten von 0,71 bis 0,78 %.

Maisöle. Maisöl, das sich namentlich in der Schmierseifenfabrikation als Ersatz des Leinöles besonderer Beliebtheit erfreut, gelangte mehrfach zur Prüfung. Ich beobachtete folgende Schwankungen:

<pre>
Unverseifbares (Kohlenwasserstoffe) . 1,73 bis 2,69 %,
                           gewöhnlich unter 2 %
Verseifungszahl . . . . 186 bis 192,1
</pre>

Verfälschungen habe ich nicht feststellen können. — Eine Anzahl von Proben zweiter Pressung war sehr stark sauer. So fanden sich

Säurezahlen bis zu 126,5, was rund 64% freien Fettsäuren entspricht.

Baumwollsamenöl. Untersuchungen von Baumwollsamenöl werden im allgemeinen selten beantragt. Meist handelt es sich um Feststellung des Gehaltes an Unverseifbarem. Die von mir beobachteten Mittelzahlen lagen etwas unter 1%. — Öle, die zwar tadellos gebleicht waren, indessen mißfarbige Seife lieferten, wurden mehrfach angetroffen. Beim Einkauf ist daher auf die weiße Verseifbarkeit solcher Öle besonders Gewicht zu legen. — Von Interesse ist die in Gegenden mit Strumpfindustrie häufige Bezeichnung „Kottonöl" für Öle, die zum Schmieren von sogenannten „Kottonmaschinen" dienen. Ein „garantiert reines Kottonöl" solcher Art hat natürlich mit reinem „Baumwollsamenöl" nichts zu tun; der Begriff der Reinheit bezieht sich hier auf die Abwesenheit von Harz, Säuren.

Ich führe dies deshalb an, weil solche „garantiert reine Kottonöle" meist 60 bis 85% Mineralöl in Verbindung mit Knochenöl und dergleichen zu enthalten pflegen und nicht eine Spur echtes Kottonöl aufweisen dürfen.

Kottonölfettsäure wurde in der Regel auf Gehalt an Unverseifbarem geprüft. Die gefundenen Zahlen lagen zwischen 0,16 bis 0,64%.

Soapstock, der bekannte fetthaltige Satz der Baumwollsaatöl-Raffination, wurde vielfach auf Gehalt an wahren Fettsäuren untersucht und zwar mit Vorteil unter Benützung der von Stiepel angegebenen Esterifizierungsmethode. (Seifenfabrikant 1909, Nr. 48.) Die gefundenen Fettsäureprozente konzentrierter Soapstocks schwankten um 90% (87,99 bis 93,81%).

Sesamöl: Hier möchte ich zunächst eines unter der Bezeichnung „reines neutrales Sesamöl" gehandelten Öles gedenken, das neben übermäßig hohem Säuregehalt rund 20% eines Öles aus der Kokosölgruppe (Abfallöl) enthielt. Die Analysenzahlen waren:

Öl direkt:

Wasser und Flüchtiges	0,74%
Mineralstoffe	0,07 -
Unverseifbares	0,74 -

somit:

     Verseifbares . . . . 98,45 %

     Reichert-Meißl-Zahl . . . . 3 ccm n/10 Alkali

     Säurezahl 89,0

     Verseifungszahl 203,7,

demnach bestand das Muster aus:

     Nichtfett . . . . 1,55 %

     Freien Fettsäuren . . . . 43,02 -

     Neutralfett . . . . 55,43 -

            Reinfettsäuren:

     Neutralisationszahl 211,0

     Mittleres Molekulargewicht 266,0

     Jodzahl 89,9

     Erstarrungspunkt . . . . . . bei etwa + 18° liegend

     Refraktion bei 40° C. im Butterrefraktometer 42°

Vergleicht man diese Zahlen mit den Normalwerten der Fach-literatur, so ergibt sich ohne weiteres, daß bei untersuchtem Öle zu hoch waren: Verseifungszahl, Reichert-Meißl-Zahl und Fett-säuren-Neutralisationszahl, dagegen zu niedrig befunden wor-den sind: Refraktion, Jodzahl und gegebenenfalls auch Erstarrungs-punkt der Fettsäuren.

Es war daher auf Vorhandensein eines Fettes der Kokosöl-reihe zu schließen, da derartige Fette die hohe Verseifungszahl und Fettsäuren-Neutralisationszahl mit einer niedrigen Jodzahl und Refraktion der Fettsäuren vereinen. Rechnerisch ließ sich ein Verschnitt mit rund 20 % an fremdem Fette folgern. —

Von Interesse war ein Sesamöl, das bei garantierter Reinheit völlig negativ nach Baudouin reagierte. —

Heißgepreßte Nachschlagöle kamen in großer Zahl zur Untersuchung. Der hohe Gehalt an freier Fettsäure konnte in solchen Ölen nicht weiter auffallen. Meist bewegte er sich um 16 bis 20 %. Die Verseifungszahlen dieser technischen Öle schwankten von 182 bis 195, die Refraktionen lagen bei 25° C. um 67 bis 69°. Die abgeschiedenen Fettsäuren zeigten Jodzahlen von 110 bis 115, Neutralisationszahlen von 199 bis 202, Refraktionen von 47,5° bis 49,7° (bei 40° C.). Als Erstarrungspunkte der Fettsäuren wurden meist Werte um 21° beobachtet.

Großen Schwankungen in der analytischen Zusammensetzung waren die Abfall-Sesamöle unterworfen. Ich fand hier

Wasserwerte bis zu 10,2%, Aschezahlen bis 1,41%. Der Gehalt an Acetonunlöslichem (Schmutz und Kalkseife) wurde in diesem Falle zu 6,7% gefunden, wozu noch rund 1% an Unverseifbarem kam. Solche Zahlen zeigen aufs deutlichste, wie notwendig es ist, derartige Abfallöle nach dem wirklichen Gehalt an verseifbarem Öle einzukaufen. Daß auch der Neutralfettgehalt und mit ihm die Glyzerinausbeute von Wichtigkeit ist, liegt auf der Hand. Beim Kaufe sollten überdies stets Abmachungen darüber getroffen werden, ob die Abfälle ausschließlich aus Sesamöl herrühren, denn bei Verarbeitung solcher Produkte zu Seife können Beimengungen anderer Abfallöle unter Umständen zu Fehlsuden führen. Nicht unerwähnt sei endlich, daß der Gehalt an Seife und Schmutz einer Vereinbarung bedarf, denn mit steigender Seifebeimengung erhöht sich auch die Wasseraufnahmefähigkeit der Abfallöle.

Über zweckmäßigste Analyse solcher Abfallöle werde ich mich später bei der Besprechung der Abfallöle aus der Kokosölreihe äußern.

Der Gehalt an unverseifbaren Stoffen (Kohlenwasserstoffen) war mehrfach Gegenstand der Untersuchung. In guten Sesamölen bezw. deren Fettsäuren fand ich stets unter 1%. Ein „Sesamnachschlagöl" lieferte den hohen Wert von 5,7%, was als zu hoch erachtet werden mußte.

Rüböl. Bei reinen technischen Rübölen beobachtete ich folgende Analysenwerte:

Direkte Ölprüfung.

Dichte bei 15° C.	meist um 0,914
Säurezahl	meist um 1,7—2,8
Verseifungszahl	meist 172—174
Jodzahl	um 98
Refraktion 25° C.	meist um 68°
Unverseifbares	rund 1%

Prüfung der abgeschiedenen Fettsäuren:

Neutralisationszahl	179—189
Jodzahl	105—115
Erstarrungspunkt	10—12°
Refraktion bei 40° C.	47—48,9°

Wesentlich andere Werte gaben die **Abfall-Rüböle**:

Wasser und Flüchtiges . . . . . . bis 6,8%
Mineralstoffe (meist Soda) . . . . . -   2,6 -
Kohlenwasserstoffe . . . . - 11,0 -

Die Notwendigkeit, solche Abfall-Rüböle nach dem Gehalt an **ver-seifbarem Öle** einzukaufen, tritt hierdurch klar zutage.

Von Interesse sind folgende „**Raffinat**"-Rüböle. Ich füge die Handelsbezeichnungen bei:

	„Doppelt raff. Rüböl"	raff. Rüböl „I"	raff. Rüböl „II"
Säurezahl	2,9	6,2	5,4
Verseifungszahl	129,2	129,3	121,9
Refraktion bei 25° C. . .	?	76,5°	72,0°
Kohlenwasserstoffe (Mineralöl)	30,5%	31,8%	31,1%

Die gefundenen Zahlen bedürfen wohl keines weiteren Kommentars!

Unter dem Namen „**Rübölersatz**" finden sich im Handel die verschiedenartigsten Produkte. Solange deutliche Deklaration erfolgt, ist natürlich gegen solche Ersatzmittel nichts einzuwenden. Das Risiko auf Brauchbarkeit muß der Käufer angesichts der meist billigen Preise in Kauf nehmen. Nachstehend die Analysenwerte zweier **Rüböl-Ersatzproben**:

Prüfung des Öles direkt:

	A	B
Verseifbares Öl	16,8 %	60,1 %
Mineralöl	83,2 -	39,9 -

Prüfung der abgeschiedenen Fettsäuren:

Neutralisationszahl	191,9	187,8
Refraktion bei 40° C.	59,3°	48°
Prüfung auf Tran	positiv	positiv

Die kleine Übersicht zeigt, daß diese Ersatzmittel, namentlich das Muster A, beträchtliche Mengen an Mineralöl aufwiesen. Diese Probe dürfte übrigens Rüböl nur in homöopathischen Dosen, dagegen hauptsächlich Tran als verseifbares Öl enthalten haben. Solche Surrogate können selbstverständlich nur zu Brennzwecken oder als Schmiermittel Verwendung finden. Es bleibt sogar noch dahingestellt, ob eine Ware mit solch hohem Mineralölgehalte bei Verwendung als „Brennöl" nicht übermäßig rußt! Nach meinem Dafürhalten ist ein vollwertiger Ersatz von Rüböl durch Mineralöl unmöglich. Das Wort „Erſatz" muß daher relativ, nicht abſolut genommen werden!

Erdnußöl. Erdnußöl erfreut ſich in der Seifen-, wie in der Textilinduſtrie großer Beliebtheit, im erſteren Falle bei Herſtellung von Riegel-, Naturkorn- und Silberſeifen, im letzteren Falle als Erſatz des Olivenöles. Die Zahl der im Laboratorium geprüften Proben war ziemlich erheblich.

Für normale techniſche Erdnußöle beobachtete ich im allgemeinen folgende Zahlenwerte:

Dichte bei 15° C. . . . . um 0,918
Refraktion bei 25° C. im Butter-
    refraktometer . . . . 63°—65°
Freie Fettſäuren . . . . ſehr ſchwankend, um 12 %
Verſeifungszahl . . . . 188—194
Jodzahl . . . . meiſt 90—95

Die Refraktion der abgeſchiedenen Fettſäuren, bei 40° C. beſtimmt, bewegte ſich um 44°, der Erſtarrungspunkt um 28 bis 29°, die Neutraliſationszahl um 200.

Ein der Fälſchung bringend verdächtiges Erdnußöl lieferte folgende Analyſenwerte:

Öl direkt:

Dichte bei 15° C. 0,9209
Prüfung auf Seſamöl . . . . negativ.

Abgeſchiedene Fettſäuren:

Neutraliſationszahl 190,0
Jodzahl 118,2
Refraktion bei 40° C. . . . . 50,8°
Erſtarrungspunkt . . . . 14,8°.

Wahrſcheinlich lag Rüböl oder ein ihm in ſeinen Konſtanten ähnliches Öl zum Verſchnitte vor. —

Nicht unerwähnt ſei ein zu Textilzwecken verkauftes Erdnußöl, das mit reichlichen Mengen an Kottonöl verſchnitten war.

Gerade bei Verwendung der Erdnußöle zu Schmälzzwecken ſind ſolche Zuſätze beſonders zu verwerfen, da ſie die größten Schäden herbeiführen können. —

Unter den unterſuchten Erdnußölfettſäuren möchte ich zwei Proben mit einem Waſſergehalt von 9 % und 19,7 % erwähnen. Es lagen hier angeseifte Produkte vor, was wiederum beweist, welche Rolle der Gehalt an Seife für die Wasseraufnahmefähigkeit spielt.

Geradezu auffällig ist die Tatsache, daß es so schwer gelingt, Speise-Erdnußöle zu finden, die bei der S e s a m ö l prüfung nach B a u d o u i n negativ reagieren.

O l i v e n ö l :

Die Zahl der untersuchten Proben war ungewöhnlich groß. Insbesondere hatte die Seifenindustrie zahlreiche Sulfuröle, die Textilindustrie viele technische Baumöle neben einigen Tournanteölen eingesandt. Nicht unerwähnt seien die Speiseolivenöle der Nahrungsmittelindustrie. Da man an Olivenöl, je nach seinem Verwendungszwecke, auch verschiedenerlei Anforderungen zu stellen hat, werde ich die einschlägigen Produkte getrennt behandeln.

S p e i s e - O l i v e n ö l e. Hier kam neben der Reinheit hauptsächlich der Gehalt an freien Fettsäuren, sowie die äußere Beschaffenheit bei der Beurteilung in Frage. N o r m a l e Ö l e lieferten meist folgende Analysenwerte:

Dichte bei 15⁰ C.	0,914—0,920 meist um 0,916
Refraktion bei 25⁰ C. im Butter-	
refraktometer	meist um 62⁰ (61—63,2⁰)
Jodzahl	um 80
Säurezahl	1,4—5,4 (meist um 3,0)
Verseifungszahl	189,7—193,4
Erstarrungspunkt der Fettsäuren .	etwa 20—25⁰
Jodzahl der Fettsäuren	86—90

Fälschungen habe ich bei Speise-Olivenölen seltener beobachtet. Ein Speise-Olivenöl „extra vièrge" mußte bei einer Säurezahl von 8,4 (= 14,9⁰ nach B u r s t y n) infolge seines gleichzeitigen kratzenden bitterlichen Geschmackes beanstandet werden, zumal die Kaufsbemusterung nur die Säurezahl 5,3 (= 9,4⁰) aufwies. Die Ware war als „extra vièrge" nicht mehr verkäuflich. Der Abnehmer konnte unter dieser Bezeichnung ein Öl erwarten, das nach Gewinnung und Güte besonders hervorragend war. Solche Öle sollten nach meinen Erfahrungen nicht über 3% freie Fettsäuren enthalten, andere Autoren wollen sogar nur 2% hievon zulassen.

T e c h n i s c h e O l i v e n ö l e. Hier möchte ich zunächst die gelben bis braungelben t e c h n i s c h r e i n e n Baumöle behandeln. Öle dieser Art werden namentlich in der sächsischen

Textilindustrie in großem Maßstabe verwendet. Ich habe für un-
verfälschte Öle meist folgende Zahlen beobachtet:

Öl direkt:

Dichte bei 15° C.	meist um 0,916 (0,914—0,917)
Refraktion bei 25° im Butterrefrak- tometer	60,5—63,3° (meist um 62°)
Säurezahl	sehr schwankend von 5,8—72,9, meist um 10—20 (bei besseren, durch Pressung gewonnenen Sorten)
Verseifungszahl	186,2—193,4, meist um 192.
Jodzahl	84—90

Abgeschiedene Fettsäuren:

Neutralisationszahl	193—198
Jodzahl	um 90
Refraktion bei 40° C.	40,5°—44°, meist um 43°
Erstarrungspunkt	etwa 20—24°

Technische Olivenöle, sowie die zugehörigen Tournanteöle sind wegen ihres verhältnismäßig hohen Preises ziemlich oft Gegenstand der Fälschung. Den Abnehmern kann daher
gerade auf diesem Gebiete des Ölhandels nicht genug empfohlen
werden, verlockenden Angeboten zweifelhafter Firmen aus dem
Wege zu gehen. Nachstehend einige besonders krasse Fälle: Ein angeblich „garantiert reines Olivenöl" ergab folgende
Konstanten:

Öl direkt:

Dichte bei 15° C.	0,9383
Refraktion bei 25° C.	69,8°
Säurezahl	4,5
Verseifungszahl	187,3
Verhalten zu Alkohol	40—45% löslich
Konsistenz	dicklich-schmierig

Abgeschiedene Fettsäuren:

Refraktion bei 40° C.	49,6°
Neutralisationszahl	195,6
Erstarrungspunkt	21—22° C.
Acetyl-Säurezahl	168,2
Acetyl-Verseifungszahl	246,4
Acetylzahl nach Benedikt	78,2.

Vergleicht man mit diesen Zahlen die weiter oben erwähnten Normalwerte eines reinen Öles, so ist ohne weiteres zu ersehen, daß außer der Verseifungszahl und Fettsäurenneutralisationszahl sämtliche Konstanten von den Normal-Konstanten abweichen. Nach Lage der Verhältnisse konnte nur ein Öl mit hoher Dichte, Refraktion, Jodzahl und Acetylzahl in Frage kommen. (Die Normal-Acetylwerte nach Benedikt sind: 197,3 A-Säurezahl; 202,0 A-Verseifungszahl; Acetylzahl 4,7).

Es war daher auf einen beträchtlichen Verschnitt — etwa 40 bis 45 % — mit Rizinusöl oder einem diesem in chemischer Hinsicht nahe verwandten Öle (z. B. Traubenkernöl) zu schließen.

Diese Verschnittware ist dem Verbandslaboratorium übrigens noch von zwei anderen Seiten zur Untersuchung eingeliefert worden. Es scheinen demnach mehrere Firmen mit solcher Ware beglückt worden zu sein. Daß diese sowohl in der Textilindustrie, wie auch in der Seifenfabrikation zu schweren Mißständen führen muß, liegt auf der Hand. Im ersteren Falle wird der Abnehmer damit rechnen müssen, daß die gefettete Textilware verfilzt und verharzt, ja sogar der Selbstentzündung anheim fällt, im zweiten Falle wird sich der Verbraucher nicht wundern dürfen, wenn seine Seifen lang und konsistenzlos ausfallen! —

Ähnliches gilt für eine Verfälschung mit Baumwollsamenöl, die ich unlängst bei einem angeblich „reinen Olivenöl" beobachten konnte. Das Produkt war für eine bedeutende Kammgarnspinnerei bestimmt und hätte dort sicher viel Schaden stiften können. Die gefundenen Analysenwerte waren, wie folgt:

Öl direkt:

Dichte bei 15⁰ C.	0,9196
Refraktion bei 25⁰ C.	65,7⁰
Säurezahl	6,6
Verseifungszahl	193,1
Prüfung auf Baumwollsamenöl nach Halphen	stark positiv

Abgeschiedene Fettsäuren:

Neutralisationszahl	202,3
Jodzahl	108,9
Refraktion bei 40⁰ C.	44,5⁰
Erstarrungspunkt	26,3⁰

Der Schluß auf Beimengung von Baumwollsamenöl war auf Grund des stark positiven Befundes nach Halphen der hohen Dichte und Fettsäuren-Jodzahl zu ziehen. —

Ein angeblich „garantiert reines Malaga-Olivenöl" zeigte folgende Konstanten:

Öl direkt:

Dichte bei 15° C.	0,9141
Refraktion bei 25° C.	66°
Säurezahl	16,5
Verseifungszahl	182,8
Äußere Beschaffenheit	viel Satz und fremder Geruch

Abgeschiedene Fettsäuren:

Jodzahl	95,5
Erstarrungspunkt	14,5°.

Ein reines Produkt lag keinesfalls vor, wie der Vergleich mit den früher erwähnten Normalkonstanten ergibt. Höchstwahrscheinlich handelte es sich um einen Verschnitt mit Rüböl, bezw. mit einem diesem chemisch-physikalisch verwandten Öle. Rüböl hat zwar eine ähnliche Dichte (etwa 0,914), wie Olivenöl, jedoch niedrigere Verseifungszahl (170 bis 179), niedrigeren Titer (etwa 10 bis 20), sowie höhere Fettsäuren-Jodzahl (105 bis 115). —

Gleiches Interesse dürften die folgenden Öle, teils als „Ia Baumöl" (A und B), teils als „reines Baumöl" (C) gehandelt, beanspruchen:

Öl direkt:

	„A"	„B"	„C"
Dichte bei 15° C.	0,9148	0,9146	0,9169
Refraktion bei 25° C.	66,3°	66,0°	67,5°
Säurezahl	21,9	26,3	5,4
Verseifungszahl	179,4	181,1	180,1
Jodzahl	96,2	95,0	95,6

Abgeschiedene Fettsäuren:

	„A"	„B"	„C"
Refraktion bei 40° C.	47,6	47,6	?
Erstarrungspunkt	8°	7,8°	?
Neutralisationszahl	184,5	185,1	?
Jodzahl	98,6	98,1	?

Auch hier fallen die hohen Refraktionen und Jodzahlen, ferner der niedrige Titer und Neutralisationszahlenwert auf, so daß mit einem Verschnitt von mindestens $^2/_3$ Rüböl zu rechnen war. —

Welche Abweichungen zuweilen zwischen K a u f s b e m u s t e r u n g und L i e f e r u n g bei Olivenölen bestehen, möge nachstehende kleine Übersicht zeigen:

	Kaufmuster IIa Baumöl	Lieferungsmuster IIa Baumöl
Säurezahl	59,8	17,0
entsprechend freien Fettsäuren .	rund 30%	rund 8%
Verseifungszahl	191,4	177,2
Refraktion des Öles bei 25° C. .	?	72,1°
Refraktion der Fettsäuren bei 40° C.	?	52,4°
Neutralisationszahl der Fettsäuren	?	183,2°

Die Lieferung war zwar in bezug auf Neutralfettgehalt besser, hinsichtlich der Reinheit des Öles aber s c h l e c h t e r zu beurteilen, wie die Kaufbemusterung. Zufolge der hohen Refraktion und niedrigen Verseifungszahl wird ein reines Olivenöl überhaupt nicht vorgelegen haben. —

Von Interesse dürfte ein mit erheblichen Mengen von S e s a m - N a c h s c h l a g ö l verschnittenes „Olivenöl" für Textilzwecke sein. Es ergab nachstehende Analysenwerte:

Säurezahl	56,4
Verseifungszahl	191,1
Jodzahl	108,2
Refraktion bei 25° C.	65,5°
Dichte bei 15° C.	0,9219
Prüfung nach B a u d o u i n	ungewöhnlich stark positiv.

Die hohe Refraktion, Dichte und Jodzahl dieses Öles fällt ohne weiteres ins Auge. —

Nicht unerwähnt möge eine Beobachtung von „F a b r i k - B a u m ö l" mit hohem M i n e r a l ö l gehalt bleiben. Ein „bestgeklärtes Baumöl" dieser Art ergab die Verseifungszahl 95,6 bei einem Gehalt von 47% Mineralöl. Die Angelegenheit führte zu Prozeßstreitigkeiten. Merkwürdigerweise gab ein Sachverständiger aus der kaufmännischen Praxis im guten Glauben das Gutachten

ab, daß bei solchen Bezeichnungen Verschnitte eines Baumöles mit
Mineralöl zulässig wären. Das Gericht entschied, wie nicht anders
zu erwarten war, zu Ungunsten des Verkäufers. — Die Bezeichnung „Fabrik-Baumöl" soll jedenfalls mit größter Vorsicht ent-
gegengenommen werden. —

In neuerer Zeit scheinen die „Tournanteöle", unter
denen unsere Fachliteratur bekanntlich an Fettsäure reiche
Olivenöle — aus den vorgepreßten vergorenen Massen gewonnen — versteht, Gegenstand des Verschnittes zu sein. Ich führe
hier die Analysen zweier solcher Öle an:

Öl direkt:

	A	B
Dichte bei 15° C.	0,9261	0,9273
Refraktion bei 25° C.	65,3°	68,2°
Säurezahl	42,2	25,8
entsprechend freien Fettsäuren	rund 22%	rund 13%
Verseifungszahl	190,2	191,6
Prüfung nach Baudouin	negativ	sehr stark positiv

Abgeschiedene Fettsäuren:

	A	B
Refraktion bei 40° C.	48,3°	48,4°
Neutralisationszahl	193,0	198,9
Jodzahl	96,4	112,4

Keines dieser Öle war reines Olivenöl, wie die hohen Refraktionen, Dichten und Jodzahlen erweisen. Bei Öl B dürfte es sich
um große Mengen von Sesamölzusatz handeln. Welches Ver-
schnittöl für Probe A in Frage kam, war nicht zu ermitteln.

Jedenfalls verdienen die Tournanteöle des Handels
weitgehende analytische Beachtung.

Zusätze von Ölen mit hoher Jodzahl sind besonders verwerflich, da sie bei Fettung von Textilwaren zu großen Schäden Veranlassung geben können. —

Eine gewisse Vorsicht in der Beurteilung erfordern Olivenöle,
die den Eintritt gewisser Farbenreaktionen, wie ihn
fremde Öle besitzen, vortäuschen, obwohl sie rein sind.
So ergab ein Olivenöl mit den Werten:

direkt:

Dichte	0,9145
Verseifungszahl	192,3
Jodzahl	86,7.

Abgeschiedene Fettsäuren:

Neutralisationszahl	197,8
Jodzahl	91,2
Refraktion bei 40° C.	43,1°

deutliche Rosafärbung bei Anstellung der Prüfung nach Baudouin, während nach Soltsien negative Ergebnisse erhalten wurden. Öle tunesischer Herkunft zeigen diese Eigenschaft, das Vorhandensein von Sesamöl vorzutäuschen, zuweilen im besonderen Maße.

Sulfurolivenöle.

Der große Verbrauch an Olivenölseifen und Marseillerseifen im sächsischen Textilbezirke bringt es mit sich, daß das zugehörige Fettrohmaterial sehr häufig Gegenstand der Untersuchung wurde. Die Notwendigkeit, Sulfuröle vor ihrer Verwendung zu prüfen, scheint bei vielen Verbrauchern noch ungenügend erkannt zu sein. Für eine Reihe derselben gilt die Farbe und der Geruch der Ware als genügendes Kriterium. Zuweilen sehr zum Nachteile des Fabrikanten, wenn man sich die übrige Beschaffenheit solcher äußerlich normaler Öle näher ansieht! Hefter bemerkt in seinem bekannten schönen Werke, daß die Sulfuröle des Handels nicht über 1% Wasser enthalten sollen. Wie sieht es nun in Wirklichkeit zuweilen mit dem Wassergehalte aus? Unter 28 Sulfurölen verschiedener Herkunft, die ich gerade aus meinen Laboratoriumsjournalen herausgreife, fand ich

im Mittel 3,19% Wasser.

Dabei entfielen auf

Wassermengen von 0,04—1,0 %	. . . .	3 Proben
=	=	=	1,1 —2,0 =	. . . . . . 7 =
=	=	=	2,1 —3,0 =	. . . . . . 3 =
=	=	=	3,1 —4,0 =	. . . . . . 6 =
=	=	=	4,1 —6,0 =	. . . . . . 5 =
=	=	=	6,1 —7,48 =	. . . . . . 4 =

Mehr Gleichmäßigkeit war im Asche gehalt dieser 28 Öle zu beobachten.

Nur

4 Proben enthielten von 0,31—0,46% Mineralstoffe

6 Proben enthielten von 0,20—0,30 ·   ·   · ,

während bei den übrigen 18 Mustern Aschewerte von 0,05 bis 0,19% festzustellen waren.

Der Gehalt an Kohlenwasserstoffen (Unverseifbares, nach Hoenig-Spitz bestimmt) bewegte sich meist um 1,0 bis 1,5% (20 Proben), selten darüber (8 Proben von 1,63 bis 1,70%).

Bei dieser Gelegenheit möchte ich nicht versäumen, darauf aufmerksam zu machen, daß das Unverseifbare dieser Art unter allen Umständen bei der Verseifbarkeitsbewertung in Rechnung gezogen werden muß. Es ist mir wiederholt begegnet, daß einige ausländische Firmen vorgeschrieben haben, das Verseifbare unter Vernachlässigung der Kohlenwasserstoffe aus der Differenz 100 — (Wasser und Schmutz) zu berechnen. Der Chemiker, der diesem Bewertungsmodus folgt, soll dann meines Erachtens im Differenzwert die Bezeichnung „Verseifbares" weglassen, andernfalls ist es nicht verwunderlich, wenn die Verseifbarkeitswerte der einzelnen Laboratorien a priori um 1 bis 1,5% differieren.

Ganz wesentlich erscheint mir ferner die Bestimmung des Schmutzgehaltes. Hierbei dürfte eine Vereinbarung über die Wahl des Fettlösungsmittels nötig sein, andernfalls erhält man zuweilen, je nachdem man Äther oder Petroläther verwendet, grundverschiedene Resultate im Gehalte an Nichtlöslichem, wie es gewöhnlich auf getrocknetem, gewogenem Filter ermittelt wird.

Wenn ich nicht irre, war es zuerst Lorenz, der auf das verschiedenartige Verhalten alter Sulfurolivenöle zu Petroläther und Äther aufmerksam gemacht hat (Seifensieder-Zeitung 1909, S. 290). Die Beobachtung dieses Chemikers, daß man z. B. bei Anwendung von Petroläther 4,4%, bei Ätherverwendung im gleichen Sulfuröle nur 0,3% Unlösliches finden kann, muß ich durchaus bestätigen. Solche Öle lösen sich in Äther meist viel klarer, wie in Petroläther, so daß ich das Verhalten eines Sulfuröles zu Petroläther direkt für die Beurteilung heranziehen möchte. Löst es sich schlecht, unter Hinterlassung eines pulverigen bis flockigen Bodensatzes, so sind quantitative Nachforschungen über den Gehalt des Öles an Nichtfettstoffen dringend zu empfehlen. Der Gehalt an Petrolätherunlöslichem kann zuweilen sehr beträchtlich sein. Zahlen von 5 bis 7% sind mir öfters begegnet. Es war mir von Interesse, diese Substanzen etwas näher zu untersuchen. Zunächst fiel auf, daß dieses Pulver in getrocknetem Zustande eine eigenartige, klebrige Beschaffenheit, ähnlich gepulvertem Kolophonium, zeigte, und bei weißer bis blaßgrüner Farbe s t a r k p o s i t i v auf H a r z nach L i e b e r m a n n - S t o r c h reagierte. Die in Gemeinschaft mit meinem ersten Assistenten, Herrn Dr. H e r m s d o r f, ausgeführten chemisch-physikalischen Spezialprüfungen haben folgendes ergeben:

Die J o d z a h l wurde doppelt bestimmt und zu 50,5 ermittelt. Als Säurezahl fand sich der Wert 109,6 bei einer Verseifungszahl von 166,6, welches Verhältnis — Esterzahl 57 — auf reichliches Vorhandensein freier organischer Säure schließen läßt. (L o r e n z hatte aus einem alten Sulfuröle ein petrolätherunlösliches Pulver mit Säurezahl 96 und Verseifungszahl 154 isoliert und somit praktisch die gleiche Esterzahl (58) gefunden.)

Von dem g l e i c h e n Sulfuröle wurden nach sachgemäßer Verseifung die F e t t s ä u r e n abgeschieden. Diese zeigten bei 40° C. im Butterrefraktometer 46,4° Refraktion, somit einen Wert, der über die Normalzahlen einer technischen Olivenölfettsäure (40,5 bis 44°, meist um 43°) bereits hinausreicht.

Es bestand daher Verdacht, daß die früher erwähnten h a r z - a r t i g e n S u b s t a n z e n, die naturgemäß in das abgeschiedene „Gesamtfett" übergegangen sein mußten, mit der Erhöhung der Refraktion in ursächlichem Zusammenhange stünden. Tatsächlich fanden sich solche Bestandteile in reichlicher Menge, denn nach der Veresterungsmethode von T w i t c h e l l ließen sich, auf ursprüngliches Sulfurolivenöl berechnet, nicht weniger als

5,02% h a r z ä h n l i c h e Substanzen

feststellen.

Die Angelegenheit hatte insofern ein erhöhtes, insbesondere praktisches Interesse, als eine angesehene Textilseifenfabrik in Verdacht geraten war, ihren „garantiert reinen Olivenölseifen" absichtlich Harz zugesetzt zu haben. Die betreffende Seife fiel zugleich durch ihren hohen Trübungspunkt — 64° C. — auf, während normale Olivenölseifen in 5 prozent. wäßriger Lösung erst bei 45° C. und darunter den Beginn einer Ausscheidung zeigen. Dabei löste sich diese Seife erst bei starker Erhitzung klar in Wasser. Ich trage daher keine Bedenken, dieses Verhalten auf die Anwesenheit der harzartigen Substanzen zurückzuführen, nachdem mir der hohe Erstarrungspunkt dieser Stoffe bekannt geworden war.

In einem anderen Falle ergab sich für das „Gesamtfett" einer „garantiert reinen Olivenölseife" auf Grund von Doppelversuchen nach der Veresterungsmethode von Twitchell ein Gehalt von 4,87 % harzartigen Substanzen, welcher Wert sich auf rund 3,2 % umrechnet, wenn man die erstere Zahl auf Seife mit rund 65 % „Gesamtfett"gehalt bezieht. Das „Gesamtfett" dieser Seife erfuhr schon vor Eintritt der sog. Erstarrung bei einer weit über dem Erstarrungspunkt liegenden Temperatur starke Trübung, während doch sonst ein normales Fettsäurengemisch bis zu diesem Punkte im allgemeinen klar zu bleiben pflegt.

Weiterhin war es auffällig, daß sich von diesem „Gesamtfett" nur ein Teil in Petroläther löste. Ein nicht unbeträchtlicher Betrag blieb ungelöst und zeigte außerordentlich stark positive Reaktion auf Harz nach Liebermann-Storch. Während das „Gesamtfett" dieser Seife (also das Gemisch aus Fettsäuren, Neutralfett, Kohlenwasserstoffen und harzartigen Substanzen) die Jodzahl 74,5 aufwies — reine Olivenölfettsäure ergibt in der Regel Werte von 86 bis 90 — lieferte der aus dem „Gesamtfett" isolierte harzartige Körper die niedrige Jodzahl 53,2. Es war somit bewiesen, daß der Rückgang der Jodabsorption durch die harzartige Substanz bewirkt wird. Wegen Mangel an Material war es leider nicht möglich, den Erstarrungspunkt derselben genau festzustellen. Jedenfalls dürfte derselbe bedeutend höher liegen, als derjenige der harzfreien Olivenölfettsäure.

Weiterhin zeigte das „Gesamtfett" dieser Seife eine andere Refraktion vor und nach Entfernung des harzartigen Körpers. Es wurden gefunden bei 40 ° C. die Refraktionen

47,5 ° im „Gesamtfett" direkt,
45,8 ° im harzfreien „Gesamtfett".

Hieraus geht hervor, daß der harzartige Körper auch eine höhere Lichtbrechung, wie Olivenölfettsäure, aufweisen muß. Es dürfte daher bei Untersuchung von Olivenölseifen zu empfehlen sein, in Zukunft stets die Refraktion des „Gesamtfettes" zu bestimmen und alle Seifen mit hoher Refraktion eingehender zu prüfen.

Dringend notwendig aber erscheint eine eingehendere Prüfung der Sulfuröle auf Gehalt an harzartigen Stoffen, als wie dies bisher geschehen ist. Öle mit hohem Gehalte an Asche und Petrolätherunlöslichem bedürfen dieser Untersuchung in besonderem Grade. Es scheint, als ob bei Sulfurölen infolge der Gewinnungsweise solcher Öle eine Art von Parallelismus zwischen Reichtum an Asche, Petrolätherunlöslichem und harzartigen Stoffen bestünde. So ist mir erst vor kurzem ein derartiges Öl mit folgenden Konstanten begegnet:

Wasser und Flüchtiges (bis zur Gewichtskonstanz im Wassertrockenschrank) . . .	5,70 %
Mineralstoffe (Asche)	0,46 %
Petrolätherunlösliches	4,11 %
Harzartige Substanzen	4,77 %
Prüfung nach Liebermann-Storch . . .	stark positiv.

Daß derartige Verunreinigungen der Rohmaterialien dem Seifenfabrikanten und Textilindustriellen künftig nicht mehr gleichgültig sein dürfen, dürfte feststehen.

Auf die Unzulässigkeit solcher Substanzen haben außer Lorenz[1]) noch J. Weineck[2]), Besson[3]) und Stadlinger[4]) aufmerksam gemacht. Auf die einschlägigen Arbeiten sei hier nur verwiesen. In neuerer Zeit haben sich Welwart[5]) und Keutgen[6]) mit dieser Frage beschäftigt, wobei Welwart die Resultate von Schwarz, der Sulfurölseifen mit 7 % Harz, Sulfuröle mit bis zu 15,6 % Harz gefunden hat, in Zweifel zieht. Keutgen bezweifelt ebenfalls die Angaben von Schwarz und bemerkt, daß bei Mißernten zuweilen mit Harzöl oder mit in Harzöl gelöstem Harz verfälscht würde. Diese Mitteilung Keutgens ist von besonderem Interesse und zeigt, wie notwendig eine eingehende Prüfung der Sulfuröle nach obiger Richtung erscheint. Es dürfte somit wohl möglich sein, daß die von Schwarz be-

---

[1]) Seifensiederzeitung 1909, S. 290.
[2]) Private Mitteilungen an Dr. Goldschmidt.
[3]) Seifenfabrikant 1911, S. 203.
[4]) Elsässisches Textilblatt 1912, Sonderabdruck, S. 7.
[5]) Seifenfabrikant 1914, S. 615 u. 725.
[6]) Desgl. 1914, S. 650.

obachteten h o h e n Harzwerte doch von künstlich „verlängerten" Sulfurölen herrühren. Für die g e r i n g e n Prozentsätze an harzartigen Substanzen in Sulfurölen möchte ich allerdings eine n a t ü r l i c h e Entstehungsweise als naheliegender bezeichnen, denn welcher Händler hat einen merklichen Geldgewinn, wenn er seine guten Öle mit 2 bis 4% Harz, wie sie häufig festzustellen sind, verschneidet?

Es ist nicht gut denkbar, daß jemand seine Ware unter solchen Umständen künstlich verschlechtert!

Wie die Öle auf natürlichem Wege harzhaltig werden, bleibt freilich vorerst noch in Dunkel gehüllt. Für eine Art Oxydation aus Fettsäuren spricht das geringe Jodadditionsvermögen von ungefähr 50, wie ich es mit Dr. H e r m s d o r f für den Fremdkörper in 2 verschiedenen Ölen festgestellt habe.[1] Nur läßt sich diese Oxydationstheorie mit dem sonstigen allgemeinen Verhalten der Fettsäuren, wie W e l w a r t richtig bemerkt, wenig in Einklang bringen. Es wäre nun auch noch denkbar, daß gewisse anatomische Komplexe der Ölbaumsteinfrucht je nach der Bodenunterlage, auf der der Baum wurzelt, einen natürlichen Gehalt an Harz aufweisen, der vielleicht beim Faulen der Trester infolge Aufschließung solcher Sekretzellen Veranlassung zur Verunreinigung des Olivenöles gibt. Botanische Prüfungsergebnisse über diesen Punkt stehen mir leider nicht zur Verfügung. Vielleicht geben diese Zeilen aber einem Botaniker Veranlassung, die Olivenfrucht nach dieser Richtung zu prüfen.

Daß derartige verunreinigte Sulfuröle k e i n e n o r m a l e H a n d e l s w a r e darstellen, bedarf wohl keiner eingehenden Begründung.

Bei der umfangreichen Verwendung der Olivenölseifen in der Seidenfärberei und Kopsfärberei halte ich solche harzartige Verunreinigungen, namentlich, wenn es sich um größere Mengen handelt, für höchst bedenklich. Hingegen würden sie in der Baumwoll-

---

[1] Ich habe übrigens bei F i s c h t r a n, der einer längeren Erhitzung unterzogen worden war, ebenfalls die Bildung solcher h a r z a r t i g e r S u b s t a n z e n beobachtet. Hier dürften Polymerisierungsvorgänge im Spiele gewesen sein. Bei stark positivem Verhalten nach L i e b e r m a n n = S t o r c h ließen sich durch die Veresterungsmethode von T w i t c h e l l 7,14% harzartige Substanzen feststellen.

bleiche, wie Welwart richtig bemerkt, als unschädlich anzusehen sein. — Selbstverständlich kann man diese harzartigen Substanzen, mögen sie auch bis zu einem gewissen Grade verseifbar sein, als vollwertiges „Verseifbares" den Glyzeriden und Fettsäuren des Olivenöles nicht gleichstellen. Es werden ja auch bei Soapstock die harzartigen Substanzen nicht als vollwertiges Baumwollsamenöl gerechnet! —

Übermäßiger Gehalt an schwefelhaltigen Gasen (Schwefelwasserstoff usw.) gab bei Sulfurölen mehrfach Anlaß zur Beanstandung. Der Abnehmer sollte daher beim Abschlusse streng darauf achten, daß ihm nicht Ware geliefert wird, die in solcher Weise grob verunreinigt ist, andernfalls muß er damit rechnen, Seifen zu gewinnen, die in Textilkreisen wenig Freude erwecken.

Verhältnismäßig oft beklagten sich einzelne Fabrikanten über schlechte Glyzerinausbeuten bei Herstellung von Marseiller Seifen. Da Sulfuröle zuweilen nur mehr 50 % und noch weniger an Neutralfett enthalten, können diese geringen Ausbeuten nicht verwundern. Der Fabrikant darf daher bei Sulfurölen nicht mit Glyzeringewinnen kalkulieren, die er bei der schwankenden Zusammensetzung solcher Öle unmöglich erwarten kann.

Was nun die Analyse der Sulfuröle betrifft, so muß bei der Kritik der direkt ermittelten Konstanten stets beachtet werden, daß diese für die Beurteilung eines Sulfuröles sehr wenig besagen, sobald der Gehalt an freien Fettsäuren irgendwie belangreich ist. Daher erklären sich z. B. auch die großen Schwankungen in den Refraktionen bei direkter Prüfung der Sulfuröle. Ich beobachtete hier bei 40° C. Schwankungen von 50 bis 56,5°. Sobald man die zugehörigen Fettsäuren sachgemäß isolierte, war die Übereinstimmung der einzelnen Fettsäurenrefraktionen wesentlich besser. Meist fanden sich hier bei 40° C. Werte von ungefähr 41 bis 45° C. Höhere Zahlen, wie 46° C sollten stets zu einer eingehenden Prüfung Veranlassung geben.

Bei der Auswahl von Sulfurölen zur Textilseifenfabrikation dürfte es sich empfehlen, dem Erstarrungspunkte, d. h. der Kältebeständigkeit der Öle gegenüber, nicht zu gleichgültig zu sein. Hierin weisen die einzelnen Preßprodukte, je nach ihrer geographischen Herkunft, die größten Verschiedenheiten auf. So gibt es Olivenöle, die erst bei + 2° C. beginnen, trüb zu werden, und bei —6° C. erstarren, während z. B. die tunefifchen Öle nach Unterfuchungen von S f a x infolge ihres Reichtums an feften Fettfäuren fchon bei + 11 ° C. Trübung erleiden, bei 9 bis 10 ° Fettfäurekryftalle ausfcheiden, um bei + 6 bis 7 ° C. (oft bei noch höherer Temperatur!) ganz zu erftarren. Wird ein derartiges ftearinreiches Öl — nach H e f t e r find die Öle um fo ftearinreicher, je heißer das Klima war, unter dem die Pflanze wurzelte — zu Olivenölfeife verarbeitet, fo muß naturgemäß auch die hieraus erzeugte Seife in wäßriger Löfung einen h ö h e r e n Trübungspunkt aufweifen, wie eine aus verhältnismäßig kältebeftändigem Sulfuröle bereitete Ware.[1]) Daß Olivenölfeifen mit h o h e m Trübungspunkte — z. B. 55 bis 60 ° C. ftatt maximal 45 ° C. — in der Textilinduftrie weniger gefchätzt find, wurde bereits oben gefagt. Seifenflotten, die fich fchon in verhältnismäßig hoher Temperatur trüben, find fehr leicht geeignet, die Textilwaren zu verfchmieren, ja fie gewähren fogar unter Umftänden eine Gefahr für das regelrechte Funktionieren beftimmter Färbereibetriebe. Häufig löfen fich folche Seifen mit Waffer erft in hoher Temperatur.

Ich erinnere hier befonders an die K o p s färberei, bei der eine warme feifehaltige Farbflotte, die naturgemäß der langfamen Abkühlung ausgefetzt ift, intermittierend durch einen Kops an- und abgefaugt wird. Solange diefe Flotte völlig klar ift, find keinerlei Betriebsftörungen zu befürchten. In dem Augenblicke aber, wo der Kops mit Seife verfchmiert wird, ift die Flottenpaffage und damit das gleichmäßige Durchfärben der Textilfafer geftört. —

Ich komme nun zu den

O l i v e n ö l - E r f a t z ö l e n ,

die namentlich in der Textilinduftrie eine wichtige Rolle fpielen. Solange der Käufer über die Herkunft und Natur diefer Surro-

---

[1]) Nach einer gütigen privaten Mitteilung des Herrn Dr. W e l t e r in Crefeld follen ftearinreiche Sulfuröle auch dadurch zuftande kommen, daß zuweilen bei Überproduktion an Sulfuröl eine Aufbewahrung des Ölvorrates in natürlichen Zifternen (Steinhöhlen ufw.) erfolgt, wodurch die Stearine Gelegenheit zur Sedimentierung finden. Wird dann bei Abruf der Ölvorräte der obere Teil zuerft abgefchöpft, fo müffen notwendigerweife ftearinreiche Partieen am Boden der Zifterne hinterbleiben. Solche Ware ift zur Herftellung einer Olivenölfeife mit niedrigem Trübungspunkt gänzlich ungeeignet.

gate aufgeklärt wird, ist natürlich gegen deren Verkauf nichts einzuwenden. Nicht immer scheint indessen hierin die notwendige Belehrung gegeben zu werden. Namen, wie „ostasiatisches Baumöl" — an Stelle von Tungöl (japanisches Holzöl) — sind natürlich im besonderen Maße geeignet, Verwirrung hervorzurufen. So glaubte eine Firma, der solches Öl angeboten wurde, lediglich ein Olivenbaumöl aus Ostasien zu erhalten. — Unter den Ersatzölen des Baumöles spielt das **E r d n u ß ö l** eine besondere Rolle. Sehr beliebt und vorzüglich homogenisiert ist neuerdings das unter dem Namen „**O l i v e n ö l c r ê m e**" in Textilkreisen gehandelte Präparat, das vermutlich unter Mitverwendung von etwas Türkischrotöl hergestellt sein dürfte. Ich fand in 2 verschiedenen Mustern folgende Werte:

M u s t e r   d i r e k t :

	A	B
Ätherlösliches, nach Zersetzung mit Mineralsäure (sog. „Gesamtfett")	68,83%	68,69%
davon:		
Säurezahl	25,2	?
Verseifungszahl	193,7	?
Mineralöl „Unverseifbares"	0	0
Harz	0	0

A b g e s c h i e d e n e   F e t t s ä u r e n :

	A	B
Neutralisationszahl	199,4	200,9
Refraktion bei 40° C	43,5°	43,8°

Von Interesse ist vielleicht die analytische Zusammensetzung einer **s u l f o n i e r t e n   O l i v e n ö l f e t t s ä u r e**. Es fanden sich für diese die untenstehenden Werte, wobei folgende Vorbehandlung des Musters eingeschlagen wurde:

Spaltung der Sulfosäuren, vollkommene Verseifung der erhaltenen Fettsäuren, Entfernung des Nichtverseifbaren, Abscheidung der Reinfettsäuren und Trocknen der letzteren bis zur Gewichtskonstanz im Wassertrockenschrank.

Die **R e i n f e t t s ä u r e n** ergaben:

Refraktion bei 40° C.	54,5°
Erstarrungspunkt	25,0°
Neutralisationszahl	201,2
Jodzahl	88,5.

Hier fällt die hohe Refraktion auf. Wenn man indessen bedenkt, welchen Einfluß der Sulfurierungsprozeß auf das Fettmolekül ausübt, so kann das abnorme optische Verhalten der Fettsäure nicht weiter verwundern. —

2 **Baumölersatz - Muster** zeigten folgende Zusammensetzung:

	A	B
Säurezahl	22,2	7,9
entsprechend		
Freien Fettsäuren	rund 11%	rund 4%
Verseifungszahl	189,3	179,0
Refraktion bei 25° C.	65,7°	72,7°
Mineralöl	keines	keines
Prüfung auf Tran	schwach positiv	schwach positiv

Bei Probe B. fällt neben der Tranreaktion die niedrige Verseifungszahl auf. Möglicherweise wurde hierbei Rüböl mitverwendet.

Rizinusöl: Dieses Öl war nur selten Gegenstand der Untersuchung. Verfälschungen mit anderen Ölen habe ich nicht beobachtet. Dagegen sind vereinzelt Klagen eingelaufen, daß das eine oder andere Öl zur Sulfurierung ungeeignet sei. Anscheinend liegt die Ursache zuweilen an schleimartigen Verunreinigungen. Auch die Gegenwart von festen Glyzeriden scheint nicht ohne Einfluß auf das fertige Produkt zu sein. Freilich ist die schlechte Qualität mancher Türkischrotöle sehr häufig auf fehlerhaftes Sulfurieren zurückzuführen. Für den Sulfurierungsversuch im kleinen wurde mit 23% Schwefelsäure von 66° B. gearbeitet. Die Säure gab man unter gutem Umrühren im Verlaufe von sechs Stunden nach und nach zu. Die Temperatur stieg hierbei auf 35° C. und wurde in dieser Höhe weitere 6 Stunden gehalten. Schließlich erfolgte allmählich Zugabe von Wasser (28 bis 30°, etwa 20% vom Sulfonat), worauf das Ganze über Nacht der Ruhe überlassen blieb. Nach Abzug des Säurewassers und alkalischer Behandlung des Sulfonates wurde das entstandene Türkischrotöl in üblicher Weise weiter geprüft:

Ein russisches Rizinusöl wies folgende Konstanten auf:

Refraktion bei 25° C. . . . . 77,8°
Dichte bei 15° C. 0,9624
Säurezahl 3,3
Verseifungszahl 181,6
Jodzahl 86,4
Löslichkeit in Alkohol und Eisessig . . vollkommen
Unverseifbares . . . . praktisch keines
Farbe . . . . grünlich gelb
Trübungen . . . . keine.

Rizinusölfettsäuren gaben wegen zu hohen Wassergehaltes (über 5 %) Anlaß zu Streitigkeiten zwischen den Parteien.

Die analytische Bestimmung des Wassergehaltes bedarf hier besonderer Vorsichtsmaßregeln, da genannte Säure bekanntlich zur intramolekularen Veresterung neigt. Es ist daher bei der Begutachtung zwischen bereits vorhandenem und noch chemisch abspaltbarem Wasser zu unterscheiden. Jedenfalls empfiehlt es sich, das mechanisch beigemengte Wasser — auf das es hier allein ankommt — nach verschiedenen Methoden zu bestimmen. Zweckmäßig wird man dabei auch Verseifungszahlen in der Fettsäure direkt, sowie in der durch trockene Filter mehrfach filtrierten Fettsäure ausführen und so den Wassergehalt noch rechnerisch kontrollieren.

Nach dieser Würdigung der wichtigsten vegetabilischen Öle dürfte es zweckmäßig sein, die

vegetabilischen festen Fette

zu besprechen. Unter diesen kam das

Palmöl

besonders häufig zur Untersuchung. Die beobachteten, allgemeinen chemisch-physikalischen Konstanten deckten sich mit den Angaben der Literatur, so daß ich auf Wiedergabe der gefundenen Werte verzichten kann.

Der Gehalt an freien Fettsäuren war meist sehr hoch, in der Regel über 50 %, in einem Falle sogar rund 85 %!

Um so auffälliger erschien daher unlängst ein äußerst dünnflüssiges Palmöl mit nur 15 % freien Fettsäuren und der Verseifungszahl 202,2.

Der Gehalt an Nichtfett (Wasser und Schmutz) lag häufig über 2 %. So fand ich mehrfach Werte bis zu 7 % bei einem Asche-

3*

gehalt von 0,38 bis 0,47 %. In normalen Palmölen lagen die Wasserwerte um 1,2 bis 1,6 %, die Aschezahlen zwischen 0,04 bis 0,37 %. Das Unverseifbare wurde mehrfach bestimmt. Hierbei ergaben sich Werte um 0,29 %.

Ein „Palmöl" lieferte die Werte:

Öl direkt.

Wasser und Flüchtiges . . . . . 13,34 %
Schmutz (Petrolätherunlösliches) . . 2,85 ·

Abgeschiedene Fettsäuren.

Erstarrungspunkt . . . . 42,5 °
Neutralisationszahl . . . . . . 215,0.

Hier mußte der hohe Gehalt an Wasser und Schmutz zunächst beanstandet werden. Im übrigen fiel die hohe Neutralisationszahl der Fettsäuren auf, denn nach den Literaturangaben kommt der normalen P. Fettsäure ein um 206 bis 207 liegender Wert zu. —

Wiederholt wurde Auskunft darüber eingeholt, ob Palmöl bei Herstellung von gefüllten Leimseifen das Palmkernöl zu ersetzen geeignet sei.

Die Frage war selbstverständlich zu verneinen.

Als sog. „Kernfett" ist das Palmöl mit schwächeren Laugen leicht verseifbar, während sich Palmkernöl als sog. „Leimfett" mit starken Laugen verseift. Im übrigen sind die Palmölseifen nicht, wie die Palmkernölseifen, den hohen und konzentrierten Füllungen zugänglich. —

Auch über Mißerfolge bei der Bleiche von Palmöl wurde das Laboratorium mehrfach zu Rate gezogen. Meist handelte es sich um ganz geringwertige Qualitäten. Da die Provenienz des Palmöles für die späteren Bleicheffekte von ausschlaggebender Bedeutung ist, kann auf die Qualität der zu bleichenden Ware nicht genug Gewicht gelegt werden.

Am besten zur Bleiche geeignet sind nach Hefter[1] im allgemeinen die Marken Bonny, Oberguinea, Sansibar, Pomba, Whydat, Old Calabar, Lagos, Kamerun und Popotogo, was hiermit in Beantwortung einer häufig gestellten Frage erwähnt sei.

Chinesischer Talg (Pflanzentalg): Dieses feste vegetabilische Fett erfreut sich eines gesteigerten Interesses der Seifenindustrie und Stearinfabrikation.

---

[1] Technolog. d. Fette und Öle, Bd. II, S. 559.

Die eingesandten Proben waren meist auf Gehalt an Wasser und Schmutz, ferner auf den Titertest zu untersuchen.

Die beobachteten Wasserwerte schwankten von 0,01% bis 1,5%.

Der Gehalt an Mineralstoffen lag unter 0,1%.

Unverseifbares wurde bei je einem weißen Talg zu 0,28% und 0,21% festgestellt.

Die Bestimmung des Schmutzgehaltes bedarf bei solchem Pflanzentalg besonderer analytischer Vorsichtsmaßregeln.

Ich habe gefunden, daß die sonst übliche Petroläther-Ausschüttelungsmethode versagt, wenn man das „Petrolätherunlösliche" als „Schmutz" ansehen will. Besser geeignet zur Abtrennung der fettigen Bestandteile ist das Chloroform. Die großen Unterschiede im „Nichtlöslichen" gehen aus folgender Analysenaufstellung eines chinesischen Pflanzentalges hervor.

Wasser und Flüchtiges . . . . 0,80 %

Petrolätherunlösliches (bei 100° auf ge-
    wogenem Filter getrocknet) . . . . . 5,22 -

Chloroformunlösliches (bei 100° auf ge-
    wogenem Filter getrocknet) . . . . . 0,34 -

Titertest . . . . 52,0 °.

Man wird hier wohl als „Schmutz" nicht das in Petroläther-Unlösliche, sondern das Chloroform-Unlösliche ansehen dürfen.

In anderen Proben fand ich 0,28 bis 0,54% Chloroform-Unlösliches.

Dieses Verhalten des Pflanzentalges bei der „Schmutz"-bestimmung dürfte noch näherer Untersuchungen würdig sein.

Aus Abschlüssen mit einigen englischen Firmen sind mir Analysen mit dem Vermerk

„0,2% Dirt"

vorgelegt worden, wobei die Bestimmung des Unverseifbaren allein schon in meinem Laboratorium 0,21% ergeben hatte. Es würde sich empfehlen, beim Kaufe Aufschlüsse über den Begriff „Dirt" einzuholen, wenn die Differenz aus 100 — („Dirt" und Wasser) als „Verseifbares" gelten soll.

Als Mindesttiter gilt meist der Wert 52°. Dieser wurde in den von mir begutachteten Sorten erreicht.

Der Gehalt an freier Fettsäure schwankte um 5 bis 6%.

Als höchste Verseifungszahl fand ich den Wert 211,4.

Die Jodzahlen deckten sich mit den Literaturangaben (etwa 38). Der vom italienischen Seifenfabrikanten-Verband (siehe „Seifenfabrikant" 1914, Nr. 24) normierte Höchstwert von 40 dürfte freilich nicht immer einzuhalten sein, denn die Literatur führt Jodzahlwerte bis 43 auf.[1]

Mowrahbutter. 2 Muster ergaben:

	I	II
Säurezahl	12,5	22,2
Verseifungszahl . . .	192,3	192,8
Unverseifbares . . .	0,99 %	
Glyzerin	9,8 ·	
Asche	Spuren	
Wasser	0,05 %.	

Auch dieses Fett kann ebensowenig, wie Palmöl, als Ersatz für Palmkernöl dienen, da es in Form von Seife nur schwach schäumt, leicht aussalzbar und schlecht zu füllen ist. Dagegen ist es in seiner Eigenschaft eines „Kernfettes" als Zusatzfett für Kernseife unter Anwendung schwacher Laugen (18 bis 25 ° B.) gut verwendbar.

Von größter Wichtigkeit für die beteiligten Industriezweige sind die Fette der sog.

Kokosnußölgruppe.

Die zugehörigen Fette finden teils als reine Produkte, teils in Form von Raffinationsrückständen umfangreiche Verwendung und dementsprechend auch häufige analytische Prüfung.

Palmkernöl, das besonders zur Herstellung von Riegelseifen geschätzte Rohmaterial, war vielfach auf seinen Gehalt an freien Fettsäuren zu prüfen. Der Betrag an solchen lag zuweilen weit über 15 %, während ein handelsübliches Öl nach meinen Erfahrungen in der Regel nicht über 10 % freie Fettsäuren, meist um 5 bis 8%, aufweist. Zweifellos spielt bei solchen sauren Kernölen neben der geographischen Herkunft das Alter der ausgepreßten Palmkerne eine Rolle.

Der Seifenfabrikant sollte auf den Säuregehalt seiner Kernöle viel mehr Gewicht legen, als dies zuweilen geschieht, denn bei Her-

---

[1] Siehe Seifert, Seifensiederzeitung 1913, S. 418.

stellung kaltgerührter Toiletteseifen ist die Azidität des Öles von wesentlicher Bedeutung. Stark saure Kernöle sind unbedingt mit Natronlauge zu neutralisieren, wenn sich später keine Übelstände ergeben sollen.

Die von mir beobachteten analytischen Daten der Kernöle deckten sich im allgemeinen mit den Angaben der Literatur, so daß ich auf deren Wiedergabe verzichten kann.

Kernölfettsäuren, teils reine Produkte, teils Abfallfettsäuren, waren sehr oft Gegenstand der Prüfung.

Der Gehalt an **Unverseifbarem**, nach **Hoenig-Spitz** bestimmt, lag meist unter 0,4 %; als Höchstwert fand ich 1,24 %. Außerdem wurde beobachtet:

Wasser . . . . meist unter 2 % (eine Probe: 7,78 %)

Mineralstoffe . . . . . in nicht angeseiften Produkten meist unter 0,2 %, in angeseiften Produkten zuweilen bis 2,5 %

Verseifungszahl . . . . . bis 256,7, meist unter 253

Neutralisationszahl der abgeschiedenen Reinfettsäuren 247 — 256,6

Refraktion bei 40° C. im Butterrefraktometer . . 21 — 24,8°

Erstarrungspunkt . . . . 22 — 23°.

Naturgemäß wurde die Frage nach Prozenten an **Verseifbarkeit** am häufigsten gestellt. Bei aschereichen Produkten erscheint sie besonders berechtigt, da ein hoher Aschegehalt auf die Gegenwart von Seife schließen läßt. Daß seifehaltiges Fettmaterial die Gefahr einer erhöhten Wasserbeimengung bedingt, wurde bereits früher erwähnt. Die Aschebestimmung sollte daher stets vorgenommen werden.

Auch der **Neutralfett**gehalt solcher technischen Fettsäuren bedarf einer häufigeren Kontrolle. Produkte mit 40 % und mehr Neutralfett habe ich vielfach gefunden. Der Begriff „Fettsäure" wird bei solchen ungenügenden Spaltungen ein recht illusorischer.

Naturgemäß fehlt es auch nicht an **Verschnitten** mit fremden Fetten bezw. Fettsäuren. Ich erwähne zunächst eine

„**destillierte Palmkernölfettsäure**"

folgender analytischer Zusammensetzung:

Säurezahl 213,0
Verseifungszahl 218,1
Jodzahl 63,4
Refraktion bei 40° C. . . . . 36,1°
Erstarrungspunkt . . . . 30,6°
Sesamölprobe nach Baudouin . . . negativ

Die abnorm hohe Jodzahl und Refraktion, wie auch die abnorm niedrige Verseifungszahl spricht ohne weiteres für einen Verschnitt mit f r e m d e n Fetten bezw. Fettsäuren, schätzungsweise um 50 %.

Bei dieser Gelegenheit möchte ich auf einen Übelstand hinweisen, der sich neuerdings im Handel mit Fetten der Kokosnußölgruppe eingeschlichen hat: die Garantie „frei von Weichfetten". Wenn A b f a l l fette der Speisefettfabrikation mit solcher Bezeichnung gehandelt werden und verfängliche Worte, wie „I a. Kernöl . . . ." u. dgl. fehlen, so läßt sich eine solche Garantie wohl noch rechtfertigen. Sie ist aber direkt verkehrt bei allen Produkten, deren Namen-Bezeichnung an sich schon auf ein e i n h e i t l i c h e s, technisch reines Fett schließen läßt. Eine „I a. Kernölfettsäure" noch mit der Bezeichnung „frei von weichen Ölen" zu versehen, ist unsinnig, denn Primaware darf keine solchen Zusätze enthalten; ja die Bezeichnung fordert direkt den Verdacht heraus, daß das Fettmaterial wohl frei ist von W e i c h ölzusatz, dagegen eine Beigabe von fremden H a r t ölen oder H a r t fetten erfahren hat.

Der Käufer wird daher gut tun, bei solchen Kennzeichnungen „frei von weichen Ölen" zu fragen, ob denn auch Abwesenheit fremder h a r t e r Öle und Fette garantiert wird. Und wie verhält es sich mit den m i t t e l h a r t e n Ölen und Fetten, deren Konsistenz ganz von der Jahreszeit abhängig ist?

Wie berechtigt meine Beanstandung der Kennzeichnung „frei von weichen Ölen" ist, möge aus der analytischen Zusammensetzung einer

„I a. K o k o s - P a l m k e r n ö l f e t t s ä u r e"

mit der Garantie „97/99 % Verseifbarkeit, Verseifungszahl von etwa 230/250 und frei von weichen Ölen" hervorgehen.

Das bei Sommerwärme dickflüssige Muster wurde sachgemäß verseift. Die aus der Seife isolierten

G e s a m t f e t t s ä u r e n

zeigten folgende Konstanten:

Neutralisationszahl 235,6
Jodzahl 34,3
Erstarrungspunkt . . . . 32,1 °
Refraktion bei 40 ° C. . . . . 28,9 °

Die Höhe der Jodzahl und Refraktion, sowie die Erniedrigung der Neutralisationszahl läßt ohne weiteres erkennen, daß weder „I a. Kokosölfettsäure", noch „I a. Palmkernölfettsäure", noch ein Gemisch derselben vorliegt. Schätzungsweise dürften 20 bis 25 % an fremden Fettsäuren zugegen sein. Ob diese verhältnismäßig weiche oder harte Beschaffenheit aufweisen, kann durch Analyse nicht entschieden werden. Der Begriff „weich" ist ja auch ein sehr dehnbarer. Ein Fett kann im Winter hart, im Sommer weich sein. Der Aggregatzustand der Fremdfettsäure spielt dabei um so weniger eine Rolle, weil das Produkt als „I a. Ware" gehandelt wurde. I a. Ware kann niemals mit fremden Fetten und Fettsäuren verschnitten sein, mögen diese weiche oder harte Konsistenz besitzen. Die Beanstandung war um so mehr gerechtfertigt, weil der Verkäufer ausdrücklich bemerkt hatte, daß der billige Preis der Ware „in keiner Weise durch schlechte Qualität bedingt sei"! —

Kokosöl: Noch mehr, wie beim Palmkernöle, spielt bei Kokosölen, namentlich, wenn es sich um die Herstellung kaltgerührter Toiletteseifen handelt, der Gehalt an freien Fettsäuren eine wichtige Rolle. Die handelsübliche Unterscheidung: Kochin-Kokosöl, Ceylon-Kokosöl und gewöhnliches Kopraöl beschränkt sich daher nicht nur auf Feststellung von Farbe und Geruch, vielmehr nimmt sie auch auf die jeweiligen Mengen an freien Fettsäuren Rücksicht.

Für Kochin-Kokosöle wird man als höchst zulässige Menge einen Betrag von 3 % zulassen dürfen; ja dieser Säuregehalt dürfte bei kaltgerührten Toiletteseifen schon zu hoch sein. Es mußten daher z. B. Kochinöle „Prima neige" mit Säurezahlen von 10 bis 11 (entsprechend 4,2 % freien Fettsäuren) ohne weiteres beanstandet werden.

Bei Ceylon-Kokosölen sind derartige Grenzzahlen schwierig aufzustellen, da die in Ceylon maßgebenden Gewinnungsmethoden z. T. sehr rohe, z. T. auch sehr mustergiltige sind und demgemäß mehr oder minder saure, ja sogar fast neutrale Öle in den Handel gelangen. Ganz beträchtlichen Schwankungen unterliegt die Azidität der gewöhnlichen Kopraöle. Ich habe Werte von 6 bis 49% an freien Fettſäuren beobachten können.

Von einer ausführlichen Wiedergabe der an normalen Kokosölen beobachteten analytiſchen Daten: Jodzahl, Verſeifungszahl, Refraktion, Titer uſw. glaube ich abſehen zu dürfen, da weſentliche Abweichungen von den Literaturangaben nicht beobachtet worden ſind. Ich erwähne daher lediglich folgende Ergebniſſe:

Der Gehalt an Unverſeifbarem ſchwankte in reinen Kokosölen von 0,07 bis 0,59% und betrug im Mittel 0,34%.

Ganz abhängig von der Reinheit der Öle war der Aſchegehalt. In reinen Ölen fanden ſich niedrige Werte von etwa 0,1% und weniger, während Beimengungen von Abfallkokosöl den Betrag an Mineralſtoffen bis zu 1,1% anſteigen ließen.

Die in der Fachliteratur wiederholt erwähnten „Kokosöle mit hoher Jodzahl" ſind auch in meinem Inſtitute zur Unterſuchung gekommen.

Ein „importiertes Kochin-Kokosöl", auch als „inländiſches Kochin-Kokosöl" bezeichnet, wies nachſtehende Analyſenzahlen auf:

Öl direkt:

Säurezahl	1,1
Verſeifungszahl	242,0
Refraktion bei 25° C. im Butterrefraktometer	47,3°
Reichert-Meißl-Zahl	5,9
Jodzahl	21,6

Abgeſchiedene Fettſäuren:

Neutraliſationszahl	245,5
Jodzahl	22,6
Refraktion bei 40° C. im Butterrefraktometer	24,3°
Erſtarrungspunkt	23,5°

An dieſen Zahlen iſt lediglich die Säurezahl und der Erſtarrungspunkt normal, wenn man in Betracht zieht, daß reine Kokosöle bezw. deren Fettſäuren etwa folgende Normalwerte liefern: Verſeifungszahl 246 bis 265, Reichert-Meißl-Zahl 6,6 bis 8,4, Jodzahl 8,9 bis 9,9, Refraktion (25°) um 43°, Neutraliſationszahl 258 bis 267, Fettſäuren-Jodzahl 8,4 bis 9,3, Fettſäuren-Refraktion (40°) etwa 18°, Erſtarrungspunkt 21 bis 25°.

Abnorm war fernerhin das Verhalten dieses Fettes zu 90 prozent. Alkohol. Bekanntlich soll sich 1 Raumteil Kokosöl in 2 Raumteilen solchen Alkohols bei 60 ° Wärme lösen. Das untersuchte Muster gab unter diesen Versuchsbedingungen so gut wie nichts an das alkoholische Lösungsmittel ab.

In Würdigung des weiteren Umstandes, daß das Öl weder in der Farbe mit echtem importierten „Kochin-Kokosöl" übereinstimmte, noch im Großbetriebe für kaltgerührte Seifen verwendbar war, mußte die strittige Ware b e a n s t a n d e t werden.

Kurze Zeit später (Dezember 1911) las ich im „Seifenfabrikant" (Nr. 50, S. 1247) die interessante Notiz, daß in Amerika Kokosöle mit den abnorm hohen Jodzahlen 18,2 und 24,0 beobachtet worden sind. Nachforschungen hatten ergeben, daß diese Öle nicht ausschließlich — wie sonst üblich! — durch Pressung von Kopra, sondern gleichzeitig aus getrockneten Kokosnußflocken — die für Speisezwecke Verwendung finden — gewonnen waren. Der Abfall der Trocknereien bestand aus Spänen der Rinde, die das Kokosnußfleisch umgibt. Weitere Untersuchungen lieferten schließlich das Ergebnis, daß die Jodzahlen des ausgepreßten Öles w e s e n t l i c h a u s e i n a n d e r g e h e n, je nachdem man getrocknetes F r u c h t f l e i s c h oder getrocknete R i n d e entölt; im ersteren Falle fand sich der normale Wert 8,9, im letzteren die ungewöhnlich hohe Jodabsorption von 40,25! Das Rätsel über die Herkunft der hohen Jodzahlen war somit für den Chemiker gelöst.[1]

An der Beurteilung solcher Öle für die P r a x i s konnten diese Ergebnisse freilich nicht viel ändern. Als n o r m a l e h a n d e l s - ü b l i c h e „Kochin-Kokosöle" sind sie k e i n e s f a l l s anzusprechen, mag auch ein und dieselbe Frucht zu ihrer Gewinnung gedient haben! Wie das Fett der Ö l p a l m e chemisch-physikalisch verschieden ausfällt, je nachdem man das F r u c h t f l e i s c h (= „Palmöl") oder die S a m e n k e r n e (= „Palmkernöl") der Pressung unterwirft, so wird auch bei der Kokospalme ein anderes Öl abfließen, wenn man fabrikationsüblich das getrocknete K e r n - f l e i s c h („Kopra") oder die R i n d e n s p ä n e, die das Fleisch umgeben, verwertet. In einem Fall erhält man handelsübliches Kokosöl, im anderen Falle nicht. Dies schließt nicht aus, Öl letz-

---

[1] Auch B a u b e l hat dann später noch in der „Seifensiederzeitung" 1912, S. 161, über diesen interessanten Fall berichtet.

terer Art in der Technik zu verwenden, indessen darf sich der Verkäufer nicht eines Namens bedienen, der auf handelsübliches Kokosöl hinweist!

Übrigens scheinen derartig anormale Kokosöle auch zur Herstellung von K o k o s ö l f e t t s ä u r e im Großen Verwendung gefunden zu haben. Ein Produkt dieser Art lieferte nach sachgemäßer Verseifung im Laboratorium ein R e i n f e t t s ä u r e n - g e m i s c h folgender Zusammensetzung:

Neutralisationszahl 254,7

Jodzahl 17,5

Refraktion bei 40° C. im Butterrefraktometer 22,4°
Auch hier fällt der hohe Jodzahlwert wiederum besonders auf.

Die Käufer teurer Kokosöl- bezw. Kokosölfettsäurequalitäten werden daher gut tun, auf die Herkunft des Materiales besonderes Augenmerk zu lenken. —

K o k o s ö l f e t t s ä u r e n : Infolge gesteigerter Beliebtheit, deren sich diese Fettsäuren in der Industrie erfreuen, kamen zahlreiche Muster im Laboratorium zur Untersuchung. Die analytische Zusammensetzung schwankte außerordentlich.

Im allgemeinen handelte es sich meist um Abfallfettsäuren, die bei der Neutralisation des Kokosöles mit Alkalien oder Erdalkalien gewonnen worden waren. Es ist daher nicht verwunderlich, wenn in derartigen Produkten Neutralfett, freie Fettsäure und an Alkali oder Erdalkali gebundene Fettsäure (-Seife) neben Wasser, Asche und etwas Unverseifbarem in buntem Wechsel gefunden wird. Die Analyse ist infolgedessen sehr erschwert, andererseits kann sie wieder nicht ausführlich genug sein, denn der Seifenindustrielle hat ein erhebliches Interesse daran, zu wissen, aus was sich die „Verseifbarkeit" zusammensetzt. Im allgemeinen gilt wohl die Summe aus Wasser (Trockenverlust) + Asche + Unverseifbares + organischer Schmutz als „Nichtfett", die Differenz des „Nichtfettes" von 100 als „Verseifbares", immerhin sollte der Käufer auch wissen, in welcher F o r m ihm das „Verseifbare" geboten wird, ob als freie Fettsäure, Neutralfett oder gar als unzersetzte Seife. Vereinbarungen nach dieser Richtung erscheinen daher beim Kaufabschlusse sehr am Platze.

Wie weit K o k o s ö l f e t t s ä u r e n in ihrer analytischen Zusammensetzung schwanken können, möge aus nachfolgender Tabelle ersehen werden:

	Trockenverlust	Asche	Unverseifbares	Schmutz	Verseifbares	Säurezahl	Verseifungszahl	Neutralfett
	%	%	%	%	%			%
A	1,34	0,06	0,41	—	98,19	205,7	259,2	20,27
B	2,75		0,24	—	97,01	158,8	240 9	31,89
	Wasser + Asche		hierin 4,72% als Seife vorhanden					
C	3,31	1,78	0,14	—	94,77	58,5	242,6	71,92
D	1,29	0,03	0,69	—	97,99	133,2	242,8	44,23
E	2,72	0,75	0,77	0,07	93,49			
			direkt verseifbar, 2,54 als Seife vorhanden					
F	0,83	0,03	0,38	—	98,76	90,9	242,8	61,79

Dieser kleine Auszug möge genügen, um die mannigfaltige Zusammensetzung der im Handel befindlichen Kokosölfettsäuren zu kennzeichnen. Besonders sei auf den ungewöhnlich hohen Neutralfettgehalt einzelner Muster hingewiesen, der in der Praxis wohl als Glyzerinspender angenehm empfunden werden dürfte, andererseits aber den Namen „Fettsäure" für solche Produkte schwer rechtfertigt.

Selbstverständlich konnte es nicht ausbleiben, daß unter der Bezeichnung „Kokosölfettsäure" vielfach Abfallfettsäuren angetroffen wurden, die in Wirklichkeit wenig oder gar keine Fettsäuren dieser Art enthielten. Nachstehendes Beispiel möge hierfür zum Beweise dienen:

Muster direkt:

Säurezahl 66,9
Verseifungszahl 209,3
Refraktion bei 40 ⁰ C. im Butterrefraktometer   45,3 ⁰

Abgeschiedene Fettsäuren:

Neutralisationszahl 218,1
Refraktion bei 40 ⁰ C. im Butterrefraktometer   35—36 ⁰
Erstarrungspunkt . . . . 40,5 ⁰

Somit kam zunächst für diese „Fettsäure" der hohe Gehalt von 68,3 % Neutralfett in Betracht. Weiterhin ließ die niedrige Verseifungszahl und Neutralisationszahl, wie auch die ungewöhnlich

hohe Refraktion in Verbindung mit dem hohen Titer auf Vor-
handensein ganz erheblicher Mengen an fremden
Fetten bezw. Fettsäuren, schätzungsweise über 50%, schließen. Die
Ware war somit zu beanstanden.

Von Interesse war die analytische Zusammensetzung einer
„doppelt destillierten Pflanzenölfettsäure",
die der Auftraggeber unter der Garantie: „Verseifungszahl 224,
Gesamtverseifbarkeit 98/99, Bestandteile zum größten Teil Palm-
kernöl-, Kokosöl- und Kottonölfettsäure" gekauft hatte. Es ergaben sich zunächst folgende Werte:

Wasser und Asche . . . . 0,03 %
Unverseifbares nach Hoenig-Spitz . . 2,33 -
    somit
Verseifbares . . . . 97,64 -

Die Ware war demnach rund 98 prozentig, wie garantiert. Dagegen fanden sich die Werte:

Säurezahl 201,1
Verseifungszahl 203,8

Somit wurde die garantierte Verseifungszahl von 224, die auf
einen Sollgehalt an mindestens 50% Kokosöl- oder Kernölfettsäure
schließen läßt, nicht erreicht. Im günstigsten Falle enthielt das
Muster 10% von diesen technisch wertvollen Fettsäuren. Übrigens
wies die Ware starken Trangeruch auf, der im Einklang mit einer
starken Bromfällung nach Marcusson den Verdacht einer Beimengung von Tranfettsäure hervorrief. — Es sei noch bemerkt, daß
die sachgemäß isolierten Reinfettsäuren dieses Musters die ungewöhnlich hohe Jodzahl 89,6 ergeben hatten, während reine
Kokosöl- oder Kernölfettsäure bekanntlich sehr niedrige Jodzahlen
(8 bis 12) liefert.

Der Übelstand, im Handel mit Abfallkokosöl (und
A.-Kernöl) Gemische der reinen Öle mit anderen
Fetten und Fettsäuren als „Kokosölfettsäure" oder
„Palmkernölfettsäure" weiterzugeben, sollte im Interesse des Ver-
brauchers allmählich verschwinden. Ich habe schon früher darauf
hingewiesen, daß solche Mischprodukte — es kommen oft ganz beträchtliche Zusätze von Sesam-, Erdnuß- und Kottonabfallölen in
Frage — nicht nur die Seifenausbeute vermindern, sondern auch
zu höchst unangenehmen Fehlsuden führen können.

Es ist daher beim Kaufe solcher „Abfallkokosöle" und „Abfall-
kernöle" bezw. „Kokosölfettsäuren" oder „Kernölfettsäuren" nicht
nur auf den Gehalt an Verseifbarem, Neutralfett und
Nichtfett Gewicht zu legen, sondern vor allem auch darauf zu
achten, daß über die Art der vorhandenen Fette und Fettsäuren
nähere Auskunft erteilt wird. Auf diese Weise wird dem Verbraucher mancher Schaden erspart bleiben.

Bezüglich der Analyse solcher Abfallkokos- und Kernöle
möchte ich noch erwähnen, daß die übliche Petroläthermethode der
„Schmutz"-Bestimmung in allen seifehaltigen Abfallölen völlig
versagt, da sich Kalkseife oder Natronseife in Petroläther zum Teil
löst. Nach Stiepel[1]) sind Abfallöle selbst mit mehr als 10 %
Seifegehalt noch klar in Äther oder Petroläther löslich, während
Aceton die Seife ungelöst läßt. Ich habe daher von seinem Vor-
schlage, die Abfallöle qualitativ mit Aceton auf Gegenwart von
Seife zu prüfen, gerne Gebrauch gemacht und auch für quantitative
Seifebestimmungen das Aceton als gutes Trennungsmittel befunden. —

*   *   *

Ich wende mich nun den

tierischen Fetten und Fettsäuren

zu, um über meine einschlägigen Erfahrungen zu berichten:

Schweinefett: Die untersuchten Proben waren hauptsächlich Speise-Schweinefette. Verfälschungen sind auf
diesem Gebiete dank der Rührigkeit unserer amtlichen Lebensmittel-
kontrolle jetzt nur ganz selten zu beobachten. Die von mir gefundenen wichtigeren Analysenzahlen normaler Schweine-
fette dieser Art waren folgende:

Säurezahl . . . . 0,5—1,4
Verseifungszahl . . . . 196,7—199,9
Jodzahl . . . . meist um 60
Refraktion bei 40° C. im Butter-
    refraktometer . . . . 50—51,3°

Ein „technisches Schweinefett" sollte angeblich
„große Mengen von Kottonölfettsäuren" enthalten

---

[1]) Seifensiederzeitung 1913, S. 199.

und zwar auf Grund folgender, von dem betreffenden Gutachter gefundenen Kennzahlen:

„freie Fettsäure . . . . 4,6 %
Jodzahl 56
Asche . . . . 0,03 %
Wasser . . . . 1,54 ‑
Titer . . . . 40,65 °."

Die Fettlieferantin bestritt obige Schlußfolgerung und übersandte
mir ein Typmuster sowie 30 einzelne Ausfallmuster der Lieferung
zur eingehenden Prüfung. Auftragsgemäß wurden je 15 g dieser
Lieferungsteilproben zu einem Durchschnittsmuster ver-
einigt und analysiert, wobei die direkte Untersuchung, sowie
diejenige der sachgemäß abgeschiedenen Fettsäuren u. a. folgendes
ergab:

Muster direkt.

	Typmuster:	Durchschnitt des Ausfalles:
Säurezahl	9,5	7,4
Verseifungszahl	199,4	198,9
Jodzahl	53,1	51,5
Refraktion bei 40° C. im Butterrefraktometer	49,2°	48,8°
Prüfung auf Baumwollsamenöl nach Halphen	negativ	negativ
Salpetersäureprobe	positiv	positiv

(Färbung etwas schwächer
wie beim Typmuster.)

Abgeschiedene Fettsäuren.

	Typmuster:	Durchschnitt des Ausfalles:
Erstarrungspunkt (Titer) . . .	40,4°	40,9°
Refraktion bei 40° C. im Butterrefraktometer	36,7°	36,3°
Jodzahl	55,8	53,6

Wenn man vorstehende Ergebnisse, insbesondere die niedrigen Jodzahlen, mit den Kennzahlen von Kottonöl bezw. Kottonölfettsäure vergleicht, so ist ohne weiteres zu ersehen, daß von
einer Beimengung „großer Mengen Kottonölfett-
säure" nicht im entferntesten die Rede sein konnte.

Eingehende Untersuchungen galten sechs Speise-Schweinefetten, die nach dem Gutachten eines amtlichen Auslandsfleischbeschau-Chemikers gemäß Untersuchungsmethode der Ausführungsbestimmungen des Fleischbeschau-Gesetzes vom 3. Juni 1900 „geringe Mengen Magnesia" enthalten sollten und dieserhalb beanstandet worden waren. Dabei lagen nicht einmal quantitative Angaben des Magnesiagehaltes vor! Die Angelegenheit beschäftigte die höchsten Instanzen.

Bei völlig normalen chemisch-physikalischen Konstanten ergab sich wider Erwarten Abwesenheit von Alkali-, sowie Erdalkali-Hydroxyden und Karbonaten. Solche Stoffe waren schon in Anbetracht des minimalen Aschegehaltes von 0,012 bis 0,016 % (hauptsächlich Eisenoxyd) ausgeschlossen.

Wer die erwähnten Prüfungsmethoden der Ausführungsbestimmungen einer chemischen Kritik unterzieht, muß sich von vornherein sagen, daß geringe Mengen von Magnesia hiernach überhaupt nicht zu ermitteln sind! Bei nur 30 g Einwage schreibt die amtliche Methode als Fällungsmittel: Ammoniak-Ammoniumkarbonat vor. Nun ist bekannt, daß die Lösungen der Magnesiumsalze bei Gegenwart von Ammoniumsalzen nicht durch Ammoniumkarbonat gefällt werden — (nur konzentrierte Lösungen von neutralem Ammoniumkarbonat erzeugen in konzentrierten, ammonsalzfreien Magnesiumlösungen allmählich einen weißen Ammonium-Magnesiumkarbonatniederschlag). Wie daher der betreffende amtliche Chemiker nach solcher Anweisung noch „geringe Mengen von Magnesia" finden, und daraufhin eine Beanstandung gründen konnte — es fehlten auch Zahlenangaben über die vorhandenen Magnesiamengen —, bleibt bis zur Stunde rätselhaft. Aus dieser, für den Betroffenen recht mißlichen Angelegenheit dürfte die Lehre zu ziehen sein, daß die Ausführungsbestimmungen des Fleischbeschaugesetzes vom 3. Juni 1900 in bezug auf Nachweis „geringer Mengen von Magnesia" keinesfalls maßgebend sind!

Knochenfett: Die Zahl der untersuchten Proben war sehr groß. In den meisten Fällen handelte es sich um die Feststellung der Verseifbarkeit, weniger häufig um die Ermittelung des Titers und Neutralfettgehaltes, obwohl letzterer doch für die Glyzerinausbeute so sehr ins Gewicht fällt. Bekanntlich erfolgt die Bewertung der Knochenfette

konventionell noch vielfach nach dem Schema 100 — (Wasser
+ Asche) = „Fett" auf Basis 97 % „Fett", wobei ein Minus zu
vergüten ist. Wer die analytische Zusammensetzung mancher
Handelsprodukte kennt, weiß, wie verkehrt eine solche Verseifbar-
keitsbestimmung ist, mag sie auch recht einfach und im gewissen
Sinne verlockend erscheinen. Knochenfette mit über 5 % Unverseifbarem (bei amerikanischer Ware) oder reichlichen Mengen von or-
ganischem Schmutz, Leimstoffen usw. sind gar keine Seltenheiten.
Was nützt in diesem Falle eine konventionelle Garantie von 97 %
„Fett"gehalt, wenn Schmutz und Unverseifbares außer Betracht
fallen? Daß es daneben auch zahlreiche erstklassige, praktisch
schmutz- und leimfreie Produkte mit einem unter 1,5 % liegenden
Gehalt an Wasser und flüchtigen Stoffen, weniger als 0,2 % Asche
und weniger als 1 % Kohlenwasserstoffen gibt, die mithin der Ver-
seifbarkeitsgarantie entsprechen, sei ausdrücklich hervorgehoben.

Dies kann jedoch kein Grund sein, einen Berechnungsmodus
obiger Art gutzuheißen.

Welchen beträchtlichen Schwankungen die analytische Zusammensetzung der von mir in letzter Zeit geprüften K n o c h e n -
f e t t e des Handels unterliegt, möge nachstehende kleine Übersicht
der wichtigeren Analysendaten zeigen:

W a s s e r   u n d   F l ü c h t i g e s.
Schwankungen von 0,40 bis 23,3 %.

Dabei enthielten:

unter 1,0 %	Wasser und Flüchtiges	36 %	der geprüften Muster
über 1,0— 2,0 %	= = =	36 = =	= =
= 2,0— 3,0 =	= = =	8 = =	= =
= 3,0— 6,0 =	= = =	10 = =	= =
= 6,0—11,0 =	= = ,	5 = ,	= =
= 11,0—23,3 =	= = =	5 = =	= = .

M i n e r a l s t o f f e.
Schwankungen von 0,02 bis 2,29 %.

Dabei enthielten:

unter 0,5 %	Asche	51 %	der geprüften Muster
über 0,5—1,0 %	=	30 = =	= =
= 1,0—1,5 =	=	7 = =	= =
= 1,5—2,0 =	=	7 = =	= =
= 2,0 %	=	5 = =	= =

Unverseifbares (nach Hoenig-Spitz).
Schwankungen von 0,45 bis 5,2 %.
Dabei enthielten:

unter 0,5 %   Unverseifbares   . . 14 % der geprüften Muster
über 0,5—1,0 %   -   . . 73 -   -   -   -
  -   1,0—1,5 -   -   . . 7 -   -   -   -
  -   1,5—3,0 -   -   . . 2 -   -   -   -
  -   3,0—5,2 -   -   . . 4 -   -   -   -   .

Die durchschnittliche Zusammensetzung der untersuchten Knochenfette ergibt sich hierdurch von selbst.

In allen Fällen spielt naturgemäß die Gewinnungsmethode eine ausschlaggebende Rolle für die Beschaffenheit der Endprodukte. Naturknochenfette (Sudfette) zeichnen sich vor den Extraktionsfetten bekanntlich durch ihre hellere Farbe und fast völlige Geruchlosigkeit aus, während Benzin-, Tetrachlorkohlenstoff-, Trichloräthylen-Knochenfette, insbesondere die Benzinfette durch ihre dunkelbraune Farbe und den scharfen, zuweilen unangenehmen Geruch auffallen. Daneben gibt es im Handel eine ganze Anzahl vorzüglicher Raffinate. In chemischer Hinsicht macht sich bei den Extraktionsfetten zuweilen der hohe Gehalt an flüchtigen Stoffen (in einem Falle fand ich 23,3 %!) und Asche (eine Probe enthielt 2,29 %!) in besonderem Maße geltend.

Seifert gibt in seiner schönen Arbeit über Knochenfette[1] sogar den hohen Aschegehalt von 4 % für ein Extraktionsfett an; immerhin dürfte es sich hier um Ausnahmen handeln.[2] Ich glaube daher, daß man, ohne die einschlägige Industrie zu bevormunden, ohne weiteres im Handel mit Knochenfetten ein Maximum von nicht über 1 % Mineralstoffen (Asche) verlangen kann. Nach meinen Erfahrungen haben 81 % der von mir geprüften Knochenfette diesen Anforderungen tatsächlich auch entsprochen.

Von Wichtigkeit wäre es, wenn im Verkehre mit Knochenfett mehr Gewicht auf den Neutralfettgehalt gelegt würde. Knochenfette mit weit über 50 % an freien Fettsäuren und dementsprechend geringer Glyzerinausbeute sind mir recht oft begegnet.

Die Auftraggeber waren über derartige Ergebnisse zuweilen recht erstaunt, mußten sie aber in Kauf nehmen, nachdem jegliche

---

[1] Seifensiederzeitung und Revue 1913, S. 6.
[2] siehe auch Goldschmidt, „Seifenfabrikant" 1904, S. 3.

Abmachung zwischen Käufer und Verkäufer über den Mindest-gehalt an Neutralfett gefehlt hatte.

Auch der Titertest der Knochenfette verdient erhöhte Beachtung. Wenn der „Verband italienischer Seifenfabrikanten" in seinen „Definitionen und Qualitätsnormen"[1] als Mindesttiter den Wert 36° festgelegt hat, so ist diese Zahl sicher eher zu niedrig gegriffen, denn im allgemeinen liegen die Titerwerte um 39 bis 42°.

Über die zweckmäßigste Bestimmung des Gehaltes an Wasser und flüchtigen Stoffen dürften weitere Vereinbarungen zwischen den Chemikern wünschenswert erscheinen, denn es ist bei seifereichen Knochenfetten durchaus nicht gleichgiltig, ob man im Sinne der „Konventionsmethode" zwei Stunden im Wassertrocken-schrank trocknet, oder nach dem vielfach üblichen Verfahren der Trocknung bis zur Gewichtskonstanz (bei 100°) arbeitet.

Von verschiedenen Seiten wird sogar eine Trocknung bei 120° im Wasserstoffstrom für richtiger gehalten, so daß der Analytiker tatsächlich manchmal ratlos ist, welche Methode er wählen soll, wenn ihm eine solche nicht unmittelbar von den Parteien vorge-schrieben wird.

Von besonderer Dringlichkeit sind auch Vereinbarungen über die zweckmäßigste Wahl der Methode für die Bestimmung des Schmutzgehaltes. Was ist „Schmutz", was sind „Verunreini-gungen"? Der italienische Seifenfabrikanten-Verband[2] spricht bei Knochenfetten alles das als „Verunreinigung" an, was „sich in der Kälte in Schwefeläther nicht auflöst, also auch die Erdalkaliseifen". Hiergegen verwahren sich nun wieder jene Kreise, die die Fettsäure einer Erdalkaliseife als technisch wertvoll bezeichnen, sofern für Spaltung der letzteren bei Verarbeitung der seifehaltigen Knochen-fette Sorge[3] getragen wird.

Dabei sind die Methoden zur Bestimmung des „Ätherunlös-lichen" oder „Petrolätherunlöslichen" mit größten Mängeln be-haftet, da sich Kalkseife in erwähnten Lösungsmitteln z. T. erheblich

---

[1] Seifenfabrikant 1914, Nr. 24.

[2] Desgl.

[3] Ist der Kalkgehalt einer Knochenfett-Asche an Fettsäure ge-bunden, also als „Kalkseife" vorhanden, so kann man im allgemeinen auf 1 Teil CaO rund 10,2 Teile als Kalksalz vorhandene Fettsäure-hydrate (rund 9,9 Teile Anhydride) rechnen.

löst.[1]) Es leuchtet ohne weiteres ein, daß die auf quantitativem Filter mühsam gesammelten Kalkseifenrückstände immer mehr an Gewicht verlieren müssen, je länger man sie mit dem ätherischen Lösungsmittel behandelt. Wo ist hier die Grenze des Auswaschens? So gab ein und dieselbe Knochenfettprobe:

$$\text{Ätherunlösliches} \quad \ldots \ldots \quad 4{,}48\,\%,$$
$$\text{Petrolätherunlösliches} \quad \ldots \quad 3{,}64\,\%.$$

Der Petroläther hatte hier zweifellos in stärkerem Maße lösend gewirkt, wie der Äther.

Ich bin daher der Ansicht, daß für Knochenfette sowohl die eine, wie die andere Methode unrichtige Zahlen liefert. Dagegen wird die Analyse wesentlich richtigere Kalkseifewerte liefern, wenn man nach Stiepels[2]) Vorschlag allgemein Aceton zur Abtrennung der Seife verwenden und diese Methode für Knochenfette entsprechend ausbauen würde.

Diese Andeutungen mögen genügen, um zu zeigen, daß der Handel mit Knochenfetten, wie auch die Analyse und Beurteilung solcher Fette in vieler Hinsicht weiterer Vereinbarungen unter den Interessenten bedarf.

Rindertalg: Auch dieser Rohstoff war häufig Gegenstand der Untersuchung, sei es als Speisetalg und Oleomargarin, sei es als technischer Talg.

Die für reines Oleomargarin beobachteten Analysenkonstanten waren:

Säurezahl	bis 2,9
Verseifungszahl	195—202
Jodzahl	43— 50
Titer	$40{,}1^{0}$—$42{,}6^{0}$
Refraktion bei 40^{0} C. im Butterrefraktometer	$43{,}1^{0}$—$49{,}6^{0}$

Diese Zahlen decken sich mit den Literaturangaben.

---

[1]) Für 100 g trockener Kalkseife, die ich aus Kalk und Olivenölseife hergestellt hatte, beobachtete ich eine Löslichkeit von

30,1 % bei Äther,
56,5 % bei Petroläther.

Knochenfett=Kalkseife dürfte sich wohl ähnlich verhalten.

[2]) Seifensiederzeitung 1913, S. 199.

Bei den für technische Zwecke bestimmten Talgproben lag in den meisten Fällen der Auftrag vor: Bestimmung von Titre und Gehalt an freien Fettsäuren, namentlich, wenn der Kaufabschluß unter entsprechenden Garantien betätigt worden war. Die bekannte unterste Titregrenze von 44° C. wurde sehr häufig unterschritten; eine Probe „Australtalg" lieferte sogar den niedrigen Wert von 36,3°, war daher zu beanstanden. Für die Analyse möchte ich erwähnen, daß die auf ihren Erstarrungspunkt zu prüfenden Fettsäuren niemals über freier Flamme getrocknet werden dürfen, wie dies von einigen Analytikern ab und zu immer noch geschieht. Analysendifferenzen zwischen zwei Laboratorien sind unter diesen Umständen nicht verwunderlich. Die Erfahrung, daß manche technische Talge ungewöhnlich reich an freien Fettsäuren sind und dadurch die verschiedenartigsten technischen Übelstände, so z. B. Dunkelfärbung bei der Autoklavenspaltung oder Seifenfabrikation, hervorrufen können, sollte unsere Industriellen zu stetiger Wachsamkeit nach dieser Richtung veranlassen. Zwei recht minderwertige Produkte dieser Art enthielten noch überdies erhebliche Mengen an Unverseifbarem.

Die Zusammensetzung derselben war:

	A	B
Wasser und Asche	0,42 %	0,59 %
Unverseifbares, nach Hoenig-Spitz	8,12 •	12,73 •
Säurezahl	31,4	29,1
entsprechend:		
Freien Fettsäuren	rund 15—16 %	rund 14—15 %
Refraktion bei 40° C. im Butterrefraktometer	44,5°	44,5°

Vermutlich lag eine Beimengung von Abfallprodukten des Wollfettes vor. Verschnitte dieser Art machen sich häufig durch beträchtliche Säurezahlen geltend. Vor längerer Zeit ist mir sogar einmal ein „Talg" mit 54 % freien Fettsäuren begegnet!

Im allgemeinen wird man wohl einen Höchstgehalt von 5 % an freien Fettsäuren für gute technische Talgsorten[1]) anzusetzen

---

[1]) Frisch ausgelassener Talg enthält nach Hefter nur bis 0,5 %, nach meinen Erfahrungen bis 1 % freie Fettsäuren!

haben. Geringere Talgqualitäten zeigen naturgemäß höhere Acidität und verraten sich schon äußerlich durch den unangenehmen Geruch.

Wie bei Knochenfetten, so habe ich auch bei Rindertalg in einigen Fällen mit Aceton nach Stiepels Vorschlägen erfolgreich Beimengungen von Seife nachweisen können, die sich nach der üblichen Petroläthermethode dem Nachweise des Analytikers entzogen hätten. So enthielt ein Talg, der in der Praxis beim Einlassen von Dampf aus 1000 kg Fettmaterial etwa 200 kg emulsionsartiger Rückstände geliefert hatte, nicht weniger als 3 % Acetonunlösliches (Seife). Offenbar lagen hier Raffinationsfehler vor. Das Muster ergab nach der Petroläthermethode nur 0,59 % Unlösliches, wäre somit nach dieser Untersuchung gar nicht weiter aufgefallen!

Auch der Wassergehalt der Talge kann hier und da zu hoch sein, wie ich an einigen trübe schmelzenden Mustern mit 6,3 % und 8,2 % Wasser beobachtet habe.

„Talgfettsäuren" mit hohem Gehalte an Unverseifbarem — vor einer Reihe von Jahren fand ich solche bis zu 19,2 %! — scheinen von der Bildfläche wieder verschwunden zu sein.

Nach, wie vor, erfordert der Handel mit sogen. „Talgfetten" oder ähnlichen, an Talg erinnernden Fettmaterialien rege analytische Aufmerksamkeit, soferne dem Käufer nicht klar zum Ausdruck gebracht wird, um was es sich im gegebenen Falle handelt. Der verlockende Name „Talgfett" erfreute unsere Industrie erstmalig, wenn ich nicht irre, vor etwa 5 bis 6 Jahren. In meinem Institute wurde damals ein solches „Talgfett" von der Verseifungszahl 158 und Säurezahl 151,9, mit über 20 % Kohlenwasserstoffen[1] beobachtet und von Bergo wegen seiner Nachteile für die Seifenfabrikation in trefflichen Worten gegeißelt. Auch jetzt noch wagen sich von Zeit zu Zeit Ersatzfette obiger Art ohne nähere Kennzeichnung ihrer Zusammensetzung an die Öffentlichkeit, wie ich unlängst an zwei „Talgfetten" mit 4,3 und 11,6 % Unverseifbarem feststellen konte. Es fällt dabei stets die hohe Acidität derartiger Produkte auf. Der Käufer sollte daher nie versäumen, beim Abschlusse genaue Auskunft über den Gehalt an unverseifbaren

---

[1] siehe Bergo, Seifensiederzeitung 1909, S. 344.

Stoffen und die Natur des Fettes einzuholen, n i ch t aber, wie das
so häufig geschieht, lediglich „nach Probe" kaufen!

Von Interesse dürfte vielleicht die Zusammensetzung eines
„S ch l i ch t e t a l g" sein:

Ätherlösliches, nach Zersetzung mit Mineral-
    säure (= „Gesamtfett") . . . . 52,29 %
        wovon vorhanden als:
An Natron gebundene Fettsäurehydrate . . 4,14 -
Neutralfett . . . . 48,15 -
Wasserfreie Natronseife . . . . 4,47 -
Wasserfreie Soda Na_2CO_3 . . . . 0,63 -
Wasser . . . . 45,16 -.

Ein „M a s ch i n e n t a l g" mit über 7 % freien Fettsäuren
hatte erheblichen Metallangriff bewirkt und mußte dieserhalb beanstandet werden. Bei dieser Gelegenheit möchte ich nicht unerwähnt lassen, daß zuweilen sog. „Rostschutzfette" mit hoher Acidität vorkommen, die eher r o s t b e g ü n s t i g e n d, als rostver-
hindernd wirken!

Dem T a l g e aufs engste verwandt sind die

O l e ï n e.

Nicht nur der Seifenfabrikant, sondern auch der Textil-
industrielle nimmt an der n o r m a l e n Zusammensetzung seines
O l e ï n einkaufes das regste Interesse, ersterer, um mit möglichst
hoher Ausbeute einwandfreie Seifen zu erzielen, letzterer mit Rücksicht auf die umfangreiche Verwendung des Oleïns zum Spicken
der Wolle oder auch in bezug auf die Herstellung oleïnhaltiger
Textilpräparate.

Grunderfordernis bei H e r s t e l l u n g und B e w e r t u n g
der O l e ï n e wird stets sein: Verwendung eines einwandfreien
Ausgangsfettes bei der Fabrikation, möglichste Armut an Neutralfett und Kohlenwasserstoffen (Unverseifbarem).

Die Erfahrung lehrt, daß diesen Voraussetzungen leider nur
allzu häufig nicht entsprochen wird. Was der Industrielle „der
Billigkeit halber" zuweilen an minderwertigen „Oleïnen" kauft,
spottet jeder Beschreibung. Die Schuld an diesen Mißständen liegt
dabei freilich häufig auf beiden Seiten. Preisdrückereien unglaub-
lichster Art führen nicht selten selbst den reellsten Händler in Ver-

suchung, das gute Geschäftsprinzip einmal zu verlassen, und schein-
bar billige, dabei auch minderwertige Oleïne unter hochklingendem
Namen an den alten Geschäftsfreund abzugeben! Wer ist hier der
Hauptschuldige? Namentlich in Textilkreisen kann man sehr oft
derartige Beobachtungen machen, zumal hier im allgemeinen
weniger Verständnis über den Handelswert eines guten Oleïnes
besteht, wie beim Seifenfabrikanten, der durch den regen Verkehr
mit Ölen und Fettsäuren weit größere Sachkenntnis besitzt.

Als ein Grundübel darf ich es wohl bezeichnen, daß ein
festumgrenzter Begriff darüber, was man unter
„Oleïn" (Elaïn) zu verstehen hat, heute tatsächlich
fehlt. Diese Behauptung mag vielleicht etwas kühn erscheinen,
entspricht aber der Wirklichkeit. Zweifellos verstand man früher
unter „Oleïn" die flüssige Fettsäure, die bei der kalten Abpressung
von Fettsäuren aus Talg, Knochenfett, eventl. auch Palmöl, als
Nebenprodukt der Stearingewinnung abgefallen war. Das Fettsäurengemisch konnte hierbei auf die verschiedenartigste Weise aus
den zugehörigen Neutralfetten gewonnen werden, sei es durch
Spaltung mit Schwefelsäure oder durch solche im Autoklaven, sei
es durch Spaltung mit dem Twitchell-Reagens oder Rizinusferment.
Wurden die Fettsäuren der Schwefelsäurespaltung dann destilliert,
so entstanden die „gewöhnlichen Destillat-Oleïne"
mit etwa 90 bis 93 % Verseifbarkeit (infolge gleichzeitiger Bildung
von Kohlenwasserstoffen, verursacht durch Gegenwart von Neutralfett); unterwarf man die versäuerten Produkte der Autoklavenspaltung der Destillation, so führte dieser Prozeß bei anschließender
Kaltpresse zum „destillierten Saponifikat". „Sa-
ponifikate" schlechthin waren jene dunkelgefärbten, flüssigen
Fettsäuren, die man bei direkter Abpressung der Spaltungs-
produkte des Autoklavenprozesses erzielte; sie kennzeichnen sich
durch ihre Armut an Kohlenwasserstoffen und den größeren Gehalt an Neutralfett.

Da das natürliche Mischungsverhältnis der flüssigen zu
den festen Fettsäuren in den Glyzeriden zu großen Mengen an
„Oleïn" als Nebenprodukt führte, kam es für die Fabrikation darauf
an, die abfallende flüssige Fettsäure möglichst rationell zu verwerten,
sei es in der Textilindustrie als Wollspickmittel, sei es in der
Seifenindustrie als Rohmaterial für Kernseifen, Schmierseifen
und Seifenpulver. So geschätzt für erstere Zwecke die stearinarmen

Produkte waren, so wenig beliebt erwiesen sie sich in der Seifen=
industrie, wo man neben guter Ausbeute und Füllungsmöglichkeit
auch eine gewisse Festigkeit der fertigen Seifen verlangt. Die
Destillatoleïne wanderten daher hauptsächlich in die Textilbetriebe,
die Saponifikatoleïne in die Seifensiederei.

Das in letztgenannten Betrieben bestehende Bedürfnis, bei
Oleïnen zwecks Erzielung der gewünschten Seifenhärte neben
flüssiger Fettsäure auch einen entsprechenden Gehalt an festen
Fettsäuren mit zu verwenden, führte dazu, daß unter dem Namen
„Sap. braunes Dick Oleïn" wenig oder garnicht abgepreßte,
hoch gespaltene Fettsäuren in den Handel gelangten. Wurden diese
destilliert, so führten sie die Bezeichnung „weißes destillier-
tes Hartoleïn".

Insoweit wird gegen den Begriff „Oleïn" nichts einzuwenden sein!

Was wird aber heute alles von einzelnen skrupel-
losen Erzeugern auf „Oleïn" verarbeitet!

Tran, Abfallöle der Speiseölfabrikation, wie Kottonöl, Lein=
öl, Rüböl, Sesamöl, Bohnenöl, ferner technische Abfallfette, Ri=
zinusöl usw. — für sie alle muß der Name „Oleïn" „Paten-
schaft stehen", sogar auch dort, wo die Natur des Fett-Roh-
materiales von größter Wichtigkeit für das spätere Endprodukt
ist: bei den Textiloleïnen.

Es ist geradezu leichtsinnig zu nennen, wenn jemand Fett=
säuren aus trocknenden Ölen, wie Leinöl, oder solche mit erhöhter
Jodzahl, wie diejenigen des Kottonöles, abpreßt und das anfallende
dünne Preßprodukt an die Textilindustrie als „Textiloleïn" weiter-
gibt. Gar manche Selbstentzündung der mit solchem „Oleïn"
gefetteten Waren dürfte auf einen derartigen Mißbrauch des
Begriffes „Oleïn" zurückzuführen sein! Nicht minder verwerflich
sind Verschnitte von echten Oleïnen mit Abfallölen obiger Art,
wenn sie als „Textiloleïne" gehandelt werden. Zu der Gefahr der
Selbstentzündung kommt hier die Schwierigkeit der Entfernung
des Neutralfettes aus der Textilfaser u. s. f.

Noch schlimmer sind jene Oleïne zu beurteilen, die dem Ab=
nehmer unter Verschweigung eines hohen Gehaltes an Unverseif=
barem unter hochklingendem Namen aufgedrängt werden.

Solange der Käufer über das Ausgangsmaterial im klaren
gehalten wird, ist natürlich gegen Surrogate nichts einzuwenden,

denn man darf nicht vergessen, daß es Abnehmer gibt, die dem Oleïnhändler zuweilen Preise bieten, für die unmöglich etwas anderes geliefert werden kann als minderwertige Ware. Ich erkläre daher durchaus nicht etwa z. B. den Wollfettoleïnen den Krieg, mögen diese auch noch soviele Kohlenwasserstoffe unverseifbarer Natur enthalten, wohl aber kann man verlangen, daß Wollfettoleïn nicht mit den normalen Produkten der Stearinfabrikation gleichgestellt wird! Es ist daher als solches zu kennzeichnen. Gleiches gilt auch für die Walkfettoleïne, deren Verkauf unter dem Namen „Oleïn" meines Erachtens unzulässig ist. Nicht angängig dürfte es weiterhin erscheinen, wenn eine Stearinfabrik gehärtete Fette aus Tran verarbeitet und die abfallenden flüssigen Fettsäuren, mögen sie auch niedrige Jodzahl haben, als „Ia. Oleïn" u. dgl. verkauft.

Möchte doch die r e e l l e Industrie im Verein mit dem reellen Oleïnhandel gegen derartige Auswüchse baldigst Vereinbarungen darüber treffen, was man unter einem handelsüblichen „Oleïn" zu verstehen hat, bevor sich durch Handels- und Fabrikations-M i ß b r ä u c h e neue Begriffe herauskrystallisieren, die später nicht mehr auszurotten sind!

Dem Abnehmer von Oleïnen kann nicht genug empfohlen werden, beim Einkaufe genaueste Erhebungen darüber anzustellen, was ihm geliefert wird. Er wird sich daher mehr, wie sonst darum kümmern müssen, w e l c h e Fette das Ausgangsmaterial gebildet haben, sich darüber vergewissern, ob er normales Oleïn der Stearinfabrikation erhält, oder Pflanzenfettoleïn, Tranoleïn, Walkfettoleïn, Wollfettoleïn u. s. f. Daß daneben auch die Verseifbarkeit, der Gehalt an Kohlenwasserstoffen, Neutralfett und freien Fettsäuren eine wichtige Rolle spielt, bedarf wohl keiner näheren Ausführungen!

Der Textilfachmann wird sich sichern, daß er eine von trocknenden Ölen, bezw. Fettsäuren freie Ware erhält. Auch sogenannte halbtrocknende Öle, wie Maisöl, Baumwollsamenöl, Sojabohnenöl, Sesamöl und Rüböl, sind keine geeigneten Ausgangsöle für die Textiloleïnfabrikation! Besonderes Gewicht wird er auf möglichst gute Spaltung der Oleïne legen, da sich neutralfettreiche Oleïne weit schwieriger aus der Textilfaser auswaschen lassen, wie die hochgespaltenen Oleïne. Wichtig ist für ihn ferner der Gehalt an Unverseifbarem. Je reicher das Oleïn an solchen Kohlenwasserſtoffen iſt, um ſo weniger leicht wird er ſpäter in der Lage ſein, mit einfachen Hilfsmitteln, wie Soda, das Fett wieder aus der Textilfaſer herauszuſchaffen. Endlich wird der Textilinduſtrielle auch dem Stearingehalt der Oleïne ſeine Aufmerkſamkeit widmen. Erſtarrt das Oleïn ſchon bei verhältnismäßig hoher Temperatur, ſo z. B. über 10°, ſo iſt es als Wollſchmelzmittel nicht mehr zu gebrauchen.

Von einer Aufſtellung feſter Grenzzahlen über den Maximalgehalt an Neutralfett, Kohlenwaſſerſtoffen u. dgl. möchte ich an dieſer Stelle zunächſt abſehen, ſolange der Begriff „Ol e ï n“ an ſich noch nicht genügend durch Übereinkommen der maßgebenden Intereſſenten geklärt iſt. Der „italieniſche SeifenfabrikantenVerband“ hat wohl ſolche Normen ſ. Zt. aufgeſtellt[1]), doch iſt dieſen Vereinbarungen nicht unbedingt beizuſtimmen. So finden ſich in den einſchlägigen Feſtſetzungen folgende Zahlenangaben:

	SaponifikatOleïn	DeſtillatOleïn
Verſeifungszahl	195—208	190
Neutralfett maximal	14 %	8 %
Unverſeifbares maximal . . .	1 •	8 •
Erſtarrungspunkt	nicht unter 12°	nicht unter 5°.

Nach meinen Erfahrungen dürfte die Grenze für das Unverſeifbare in Saponifikatoleïnen mit 1 % doch zu niedrig gezogen und auf 3 bis 3,5 % zu erweitern ſein. Dagegen erſcheint mir die Grenze von 8 % für den höchſt zuläſſigen Gehalt an Kohlenwaſſerſtoffen in erſtklaſſigen Deſtillatoleïnen zu hoch gegriffen, denn bei einigermaßen ſorgfältiger und moderner Betriebsführung gelingt es leicht, Deſtillate aus der Stearinfabrikation mit weniger als 5 % Kohlenwaſſerſtoffen zu erzielen. Auch die Neutralfettgrenze von 8 % bedarf m. E. bei Deſtillatoleïnen einer Herabſetzung auf etwa 4 %. Weniger gute und ſchlechte Deſtillate können freilich bis 15 % Neutralfett aufweiſen. Für Saponifikatoleïne wird die Neutralfettgrenze von maximal 14 % richtig gewählt ſein.

Wollfettoleïne bedürfen naturgemäß einer beſonderen Beurteilung, da ihr Gehalt an Kohlenwaſſerſtoffen bis zu 50 % betragen kann.

---

[1]) Seifenfabrikant 1914, Nr. 24.

Wie schon früher angedeutet, habe ich in meiner analytischen Praxis sehr häufig Gelegenheit gefunden, Oleïne, die bei hochklingendem Namen alles andere, als normale Handelsprodukte waren, beanstanden zu müssen. Schlechte Spaltung, übermäßiger Gehalt an Unverseifbarem, Beimengung von Tran- oder Wollfettoleïn kehrten dabei verhältnismäßig oft als Beanstandungsgrund wieder.

Der ausführlichen Analyse halber möchte ich über ein „Oleïn" für seifensiederische Zwecke nachstehendes berichten. Das Produkt hatte zur Bildung einer abnorm dünnen Schmierseife Veranlassung gegeben.

Direkte Prüfung.

Wasser und Asche	1,50 %
Unverseifbares	1,37 "
Verseifbares	97,13 "
Säurezahl	103,1
Verseifungszahl	179,7
Jodzahl	88
Acetylsäurezahl nach Benedikt	94,1
Acetylverseifungszahl nach Benedikt	225,7
Glyzerin nach der Bichromatmethode	1,1 %

Abgeschiedene Fettsäuren.

Neutralisationszahl	178,0
Jodzahl	88
Acetylsäurezahl nach Benedikt	155,3
Acetylverseifungszahl nach Benedikt	267,1
somit:	
Acetylzahl nach Benedikt	111,8
Erstarrungspunkt	bei etwa $+3°$ C.
Refraktion bei $40°$ C. im Butterrefraktometer	$56,7°$.

Nach vorstehenden Resultaten, insbesondere nach den hohen Acetyl-Zahlenwerten, mußte auf Vorhandensein ganz beträchtlicher Mengen von Rizinusöl als Ausgangsmaterial geschlossen werden. Das abnorme Verhalten in der Schmierseifenfabrikation ist hierdurch leicht begreiflich. Weiterhin fällt die hohe Differenz zwischen Säurezahl und Verseifungszahl auf. Der anfängliche Verdacht, die hieraus abgeleitete Esterzahl von 76,6 müßte von ungespaltenem Neutralfett herrühren, hat sich nur teilweise bestätigt. Eine

Glyzerinbestimmung ergab den Wert 1,1 %, der auf rund 11 % Neutralfett schließen läßt. Demnach bleiben noch rund 30 % für Laktone übrig. Daß ein „Oleïn" mit solch hohem Laktongehalt kein normales Produkt mehr darstellt, bedarf keiner näheren Begründung, wenn man berücksichtigt, daß sich Laktone im Gegensatz zu freien Fettsäuren auf kaltem Wege mit wäßrigem Alkali nicht zu Seife vereinigen.

Solche Ware konnte daher unmöglich den Anspruch erheben, ein handelsübliches Oleïn für seifensiederische Zwecke zu sein!

Besonderer analytischer Kritik bedürfen die als „Oleïnersatz" angebotenen Konkurrenzprodukte der Oleïne. Solange der Käufer über die Beschaffenheit derartiger Präparate im klaren gehalten wird, ist natürlich gegen den Handel mit Surrogaten nichts einzuwenden. Es gibt ja immer wieder Verbraucher, die dem Händler Preise bieten, für die unmöglich etwas besseres als Verschnittware oder minderwertvolles Ersatzprodukt zu verlangen ist. Unkenntnis über den inneren Wert solcher Surrogate kann allerdings empfindliche Schäden herbeiführen.

Fischöle, Leberöle, Trane. Infolge ihrer Billigkeit sind diese tierischen Produkte im allgemeinen seltener Gegenstand analytischer Nachkontrolle.

Eingehende analytische Arbeiten waren dagegen dem Problem der fraktionierten Fettspaltung bei Tranen und Fischölen gewidmet. Wie die nunmehr erteilten Patente[1] Waentig-Großenhain Sa. erweisen, ist es heute tatsächlich möglich, die Glyzeride der gesättigten und einfach ungesättigten Fettsäuren in solchen tierischen Ölen von den Glyzeriden der stark ungesättigten Fettsäuren (Linolensäurereihe usw.) fraktioniert zu trennen. Man kann auf diese Weise Produkte gewinnen, die einen guten Ersatz des Leinöles, z. B. bei der Firnisfabrikation, darstellen. — Leider ist es mir an dieser Stelle nicht möglich, das reiche Zahlenmaterial zu veröffentlichen, das ich über diesen interessanten Gegenstand sammeln konnte. —

Auch die Frage der Geruchlosmachung und Entfärbung von Tranen beschäftigte das Laboratorium in besonderem Maße.

---

[1] D. R. P. Nr. 272 465 vom 17. Dezember 1910 ab.

Klauenöl: Dank den Arbeiten von Fahrion[1] ist man neuerdings beim Einkaufe solcher Öle vorsichtiger geworden und mit Recht, denn der Name „Klauenöl" muß zuweilen für Öle dienen, die in Wirklichkeit mit echtem Klauenöle nichts zu tun haben.

Nachstehend die von mir festgestellte Zusammensetzung eines angeblich „reinen, doppelt raffinierten Klauenöles", das mit M. 108,— für 100 kg bei 2 % Skonto verkauft wurde:

Dichte 0,8916
Refraktion bei 18⁰ 89,8⁰
Verseifungszahl 21,7
Unverseifbares (Mineralöl) . . . 86,6 %.

Dieses Öl war somit zum weitaus größten Teil Mineralöl.

Auch Beimengungen pflanzlicher Öle konnte ich vereinzelt beobachten. Ein Klauenöl für Schmierzwecke enthielt 4,6 % freie Fettsäuren, was sicher zu hoch ist. Der von Fahrion vorgeschlagenen Säure-Höchstgrenze von 3 % kann ich nur beistimmen.

Als Jodabsorptionswerte beobachtete ich bei reinen kältebeständigen Klauenölen Zahlen von 82 bis 84. Da die Jodzahl eines Klauenöles bei Kältebehandlung bekanntlich steigen kann, sind Beanstandungen wegen angeblich zu hoher Jodzahl nur mit größter Vorsicht auszusprechen.

6 „Klauenöle" zeigten bei 25⁰ C. im Butterrefraktometer folgende Refraktionen:

64,0⁰, 60,5⁰, 63,2⁰, 63,2⁰ 62,7⁰, 63,0⁰.

Leider fehlte es an Material, um noch weitere Reinheitsprüfungen anstellen zu können.

* * *

Abfallfette und Fettsäuren animalischer Herkunft:

Mit wachsenden Fettpreisen steigt erfahrungsgemäß der Verbrauch an Abfallfetten. Bei ihrer analytischen Kontrolle spielt das Unverseifbare die wichtigste Rolle. Daneben ist auch der Gehalt an flüchtigen Stoffen zu berücksichtigen, wie nachstehende Analyse eines Lederextraktionsfettes erweist:

---

[1] u. a. Seifensiederzeitung 1911, S. 925.

Flüchtiges . . . . 19,20 %
Unverseifbares . . . . 5,12 -
Asche . . . . 0,11 -
Verseifbares . . . . 75,57 -
Säurezahl 60,0
Verseifungszahl 162,9
   entsprechend
freien Fettsäuren 27,83 % und Neutralfett . 47,74 %

Solche Lederextraktionsfette neigen außerordentlich zur Emulsionsbildung, können daher beträchtliche Mengen an Wasser binden. Daneben kann auch ein Restgehalt von Benzin den Betrag an flüchtigen Stoffen erhöhen.

Leimsiederfette („Leimfette") waren ebenfalls häufig Gegenstand der Analyse. Nachstehend einige Untersuchungsergebnisse:

	I.	II.	III.	IV.	V.	VI.	VII.
Wasser und Flüchtiges .	0,96 %	1,08 %	1,27 %	1,69 %	0,29 %	0,99 %	4,07 %
Asche . . .	0,10 =	0,48 =	0,41 =	0,36 =	0,02 =	0,04 =	
Unverseifbares	2,10 =	1,58 =	1,89 =	2,15 =	0,73 =	1,05 =	0,81 =
Schmutz . .	—	1,44 =	—	wenig vorhanden	—	—	—
Säurezahl . .	155,8	150,7					112,0[1]
Verseifungszahl . . .	194,1	196,9					201,6[1]
Titer der Fettsäuren . .	35,3°	36,5°					

    somit:

	I.	II.	III.	IV.	V.	VI.	VII.
Freie Fettsäuren . .	77,73 %	73,40 %	96,43 %	95,80 %	98,96 %	97,92 %	52,84 %
Neutralfett .	19,11 =	22,50 =					42,28 =
Nichtfett . .	3,16 =	4,10 =	3,57 =	4,20 =	1,04 =	2,08 =	5,88 =

Derartige „Leimfette" enthalten meist beträchtliche Mengen an freien Fettsäuren, sind aber gewöhnlich arm an Kohlenwasserstoffen.

Ein sogen. „Leimkäse" enthielt 8,07 % Fett, ein sogen. „Leimkesselrückstand" 19,37 % Fett, ein „Leimkalk" 14,14 % Fett.

---

[1] des mit Salzsäure abgeschiedenen Ätherlöslichen!

Unter den unterfuchten

Hautfetten

fand fich ein folches nachftehender Zufammenfetzung:

Waffer und Flüchtiges . . . . . 6,60 %
Mineralftoffe (Afche) . . . . . 0,15 -
Unverfeifbares . . . . 10,78 -
Verfeifbares . . . . 82,47 -
Glyzerin . . . . 6,07 -

Hier fällt der hohe Gehalt an Unverfeifbarem auf.

Nachftehend gebe ich die Analyfe eines

„Abdeckereimifchfettes"

wieder, deffen Zufammenfetzung ebenfalls ein lehrreiches Beifpiel dafür bildet, wie notwendig die Beftimmung der unverfeifbaren Beftandteile in folchen „Mifchfetten" ift:

Waffer und Flüchtiges . . . . . 3,18 %
Schmutz . . . . 0,21 -
Unverfeifbares . . . . 14,24 -
Verfeifbares . . . . 82,37 -
Säurezahl 70,5
Verfeifungszahl 171,6

Der Gehalt an Unverfeifbarem in **normalen** Abdeckereifetten lag meift unter 1 %.

Die Zufammenfetzung der fogen.

Walffette

ift in letzterer Zeit gegenüber früher z. T. erheblich verändert, feitdem zahlreiche Textilbetriebe aus Sparfamkeitsrückfichten dazu übergegangen find, Textilöle und Schmelzen mit hohem Gehalte an Kohlenwafferftoffen zu verwenden, die naturgemäß in die abfallenden Seifenwäffer mit übergehen. Ich habe infolgedeffen Walffette mit einem Gehalt bis zu 22 % an Unverfeifbarem beobachten können.

Eine größere Zahl der unterfuchten Abfallprodukte führte den Namen

animalifche Fettfäure.

Ein Teil derfelben enthielt ungewöhnlich viel Kohlenwafferftoffe. Nachftehend einige Analyfen folcher Produkte:

5

	I.	II.[1]	III.
Wasser und Flüchtiges . .	1,12 %	} nicht	0,85 %
Asche	0,02 -	} bestimmt	0,02 -
Unverseibares	21,58 -	21,02 %	22,94 -
Schmutz	—	—	—
Verseifbares . . .	77,28 -	ca. 78,98 -	76,19 - [2]
Säurezahl	161,5	160,0	156,2
Verseifungszahl	164,4	164,2	158,7
Neutralisationszahl der Fettsäuren	?	?	206,5
somit:			
Freie Fettsäuren	75,92 %	ca. 76,96 %	75,63 %
Neutralfett	1,36 -	- 2,02 -	1,28 -
Nichtfett	22,72 -	- 21,02 -	23,09 - [3]

Von Interesse dürfte vielleicht die Zusammensetzung eines „Seifenstearin" sein:

Wasser und Flüchtiges	0,01 %
Asche	0,03 -
Unverseifbares	12,19 -
somit:	
Verseifbares	87,77 -
Säurezahl	178,5
Verseifungszahl	185,5
somit:	
Freie Fettsäuren	84,46 %
Neutralfett	3,31 -
Nichtfett	12,23 -

Endlich sei noch eine „tierische Abfallölfettsäure" folgender Zusammensetzung erwähnt:

Wasser und Flüchtiges	0,92 %
Asche	0,07 -
Kohlenwasserstoffe	37,75 -
somit:	
Verseifbares	61,26 -

---

[1] garantiert mit 85 bis 90 % Verseifbarkeit.

[2] Differenzwert.

[3] aus der Fettsäurenneutralisationszahl berechnet.

Das isolierte Unverseifbare fluorescierte stark wie Mineralöl. Der Seifenfabrikant dürfte mit diesem Produkte wenig Freude erlebt haben!

Diese Beispiele mögen genügen, um dem Leser zu zeigen, wie notwendig gerade bei t i e r i s c h e n A b f a l l f e t t e n und F e t t - s ä u r e n die a n a l y t i s c h e Ü b e r w a c h u n g ist, sei es im Hin- blick auf die Verseifbarkeit, sei es mit Rücksicht auf die Glyzerin- ausbeute!

Bei dieser Gelegenheit möchte ich wieder einmal auf den Miß- brauch des Wortes „G e s a m t f e t t" bei Bewertung solcher Ab- fallprodukte hinweisen. Solange es sich nur um einige Zehntel- prozente an unverseifbaren, fettähnlichen Substanzen handelt, wie sie z. B. im „Gesamtfett" unserer guten Seifen natürlicherweise vorkommen, wird man sie nach altem Herkommen ohne weiteres vernachlässigen können. Bei S e i f e n wird daher das „Gesamtfett" im allgemeinen die Summe aus Fettsäurenhydraten und erwähnten geringen Mengen an Kohlenwasserstoffen darstellen. Ich pflege aber bei den Seifenanalysen den Begriff „Gesamtfett" durch die Worte „Ätherlösliches, nach Zersetzung mit Mineralsäure" zu ergänzen.

Bei Ö l e n und F e t t e n erscheint mir indessen der Begriff „Gesamtfett" absolut unzulässig, wenn nicht gleichzeitig angegeben wird, wie hoch sich der Prozentsatz an u n v e r s e i f b a r e n, f e t t ä h n l i c h e n Bestandteilen (Kohlenwasserstoffen) beläuft. Fehlen diesbezügliche Angaben, so kann z. B. ein Abfallfett mit 79 % „Gesamtfett" - Garantie noch 20 % Kohlenwasserstoffe (Mineralöl, Unverseifbares) enthalten, ohne daß dies in der Analyse zum Ausdrucke kommt. Wer daher Abfallöle kauft, wird gut tun, bei der zahlenmäßigen Fett-Garantie auch zu verlangen, daß ihm V e r s e i f b a r e s in der zugesicherten Höhe geboten wird!

II. Alkalien.

Die Zusammensetzung dieser Rohstoffe ist für den Seifen- fabrikanten, wie auch für den Textilfachmann von größter Wichtigkeit.

Im allgemeinen kann man wohl sagen, daß die technische Rein- heit der meisten Alkalien fortgesetzt besser wurde, seitdem ihre Her- stellung mehr und mehr in die Hände der chemischen Großindustrie übergegangen ist.

Soda war nur ganz vereinzelt, teils wegen hochgradiger Verschmutzung, teils wegen übermäßiger Salzbeimengung zu beanstanden. Beimengungen von 34 bis 39 % Kochsalz, wie ich sie vor mehreren Jahren beobachten konnte, sind nicht wiedergekehrt. Bei Kryſtallſoda wird man wohl im allgemeinen folgende Maximalwerte zulaſſen dürfen:

Überſchüſſiges Waſſer . . . . . . bis zu 1 %
Sulfate . . . . - - 2 -
Chloride . . . . - - 0,5 -

Ein zu verhältnismäßig hohem Preiſe verkauftes „Walkſalz“ enthielt 51,92 % Soda Na_2CO_3 und 47,67 % Waſſer.

Pottaſche wurde meiſt auf ihren Gehalt an Kaliumkarbonat und Soda, ſowie auf die Geſamtalkalinität unterſucht. Nicht immer wurde die übliche Normalbeſchaffenheit — etwa 95 % Kaliumkarbonat K_2CO_3, nicht über 2,5 % Soda Na_2CO_3 — erreicht.

So enthielt ein Muſter nur 88,0 % K_2CO_3 neben reichlichen Mengen an Sulfaten, Chloriden und unlöslichen Stoffen.

Drei andere Muſter zeigten K_2CO_3 Werte von 90,9 %, 91,1 % und 92,3 %. Eine Probe wies folgende Zuſammenſetzung auf:

Kaliumkarbonat K_2CO_3 . . . . 84,11 %
Natriumkarbonat Na_2CO_3 . . . . . . 7,41 -
Kaliumſulfat K_2SO_4 . . . . 3,02 -
Kaliumchlorid KCl . . . . 3,48 -
Waſſer und Unlösliches . . . . . . 1,98 -

Hier war auch der höchſt zuläſſige Gehalt an Sulfaten und Chloriden überſchritten.

Der von mir bis jetzt beobachtete höchſte Sodawert in Pottaſche war 25,8 %.

Endlich ſei noch eine Pottaſcheprobe mit 0,41 % Kieſelſäure SiO_2 erwähnt. Dieſe hatte bei Verwendung zu Seife Bildung von waſſerunlöslichen, gallertartigen Flocken hervorgerufen.

Ätznatron war teils als feſtes Schmelzprodukt, teils als kauſtiſche Lauge (40 ° B.) Gegenſtand der Prüfung. Hier ſpielt neben der Geſamtalkalität ein etwaiger Gehalt an kohlenſaurem

Alkali die wichtigste Rolle. Namentlich in Merzerisierlaugen sind übermäßige Beimengungen an Soda mit Recht gefürchtet. Nach dieser Richtung ergaben sich mehrfach Beanstandungen. Es dürfte sich daher besonders für Merzeriseure empfehlen, beim Einkaufe ein Maximum von 1,5 bis 2 % Soda zu vereinbaren. Vereinzelt war auch der Gehalt an Salzen (Chloriden und Sulfaten), sowie unlöslichen Stoffen zu hoch.

Ätzkali kam in Form von elektrolytischer Kalilauge, 50° B., hier und da zur Untersuchung.

Beanstandungen ergaben sich nicht.

Wasserglas. Auch hier lieferten vereinzelt vorgenommene Prüfungen keine auffälligen Ergebnisse.

Zinkoxyd (Zinkweiß). Eine Probe wies nachstehende Zusammensetzung auf:

$$\text{Zinkoxyd ZnO} \quad \ldots \ldots \ldots \ldots \quad 92{,}65 \%$$
$$\text{Bleisulfat PbSO}_4 \quad \ldots \ldots \ldots \ldots \quad 6{,}75 \text{ -}$$

Nicht viel besser war die Beschaffenheit einer anderen Probe:

$$\text{Zinkoxyd ZnO} \quad \ldots \ldots \ldots \ldots \quad 84{,}5 \%$$
$$\text{Kalk CaO} \quad \ldots \ldots \ldots \ldots \quad 15{,}5 \text{ -}$$

Beide Muster hatten bei der Fettspaltung zu Betriebsstörungen Veranlassung gegeben.

Drei Zinkstaubproben enthielten folgende Beimengungen an Blei Pb:

$$1{,}67 \%, \ 2{,}10 \% \text{ und } 2{,}86 \%.$$

Ein Zinkstaub war ungewöhnlich reich an Metallstickstoffverbindungen (Nitriden).

Ätzkalk gab teils infolge zu hohen Magnesiagehaltes, teils wegen zu geringen Gehaltes an löschfähigem Kalk Anlaß zu Einwänden. Im allgemeinen sollte ein guter Ätzkalk nicht über 2 % MgO und mindestens 85 bis 90 % CaO (löschbar) enthalten.

Ich habe Handelssorten mit nur 50 bis 60 % an löschfähigem Kalk CaO gefunden, was beweist, wie notwendig einschlägige Prüfungen sind. Namentlich für eine erfolgreiche Durchführung des Krebitzverfahrens spielt die technische Reinheit des Kalkes eine Rolle.

Auch die technische Wasserreinigung wird, sofern sie nach dem Kalk-Sodaverfahren arbeitet, ihre Reinigungszusätze nur auf Grund gleichbleibender Kaustizität des Kalkes richtig dosieren können.

Ammoniak (Salmiakgeist). Bei einer Probe war der Gehalt an NH_3 geringer, als garantiert. Ein anderes Muster enthielt zu viel empyreumatische Stoffe.

Nachschrift.

Infolge des Krieges, der fast sämtliche Mitarbeiter meines Institutes unter die Fahnen rief, muß die Weiterführung dieser Veröffentlichung eine unliebsame Unterbrechung erleiden. Ich hoffe aber zuversichtlich, nach Einkehr friedlicher Zeiten an eine Fortsetzung der begonnenen Arbeit schreiten und dann über die Abschnitte III. „Seifen- und Waschpräparate", sowie IV. „Sonstige verwandte Rohstoffe und Fabrikate" zusammenfassend berichten zu können.

Chemnitz, zu Beginn des Kriegsjahres 1915.

Dr. Hermann Stablinger.

Emil Dreyer's Buchdruckerei, Berlin SW.